Gakken

きめる！KIMERU SERIES BP

［きめる！共通テスト］

物理基礎 改訂版
Basic Physics

著＝桑子 研（サイエンストレーナー）

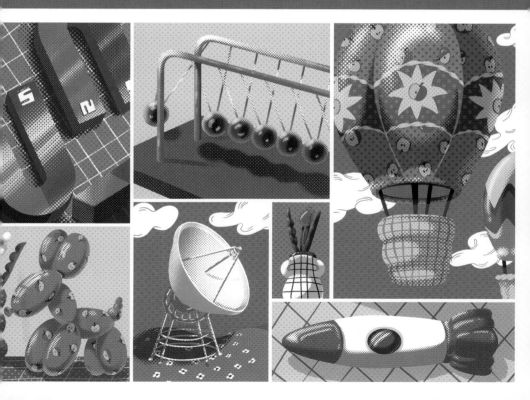

はじめに

「先生，どうしたら物理ができるようになりますか？」

　毎年，多くの生徒に物理を教えているぼくは，いつも初回の授業で「理科には物理・化学・生物・地学などあるけど，それぞれの科目は好きですか？」と生徒に尋ねています。物理以外の科目を好きと答える生徒は，各科目で5〜8割いる一方，物理を好きと答える生徒は残念ながら2割ほど。

　「好きこそ物の上手なれ」ということわざがあるように，好きな科目なら工夫して成績を伸ばせるのでしょう。しかし，好きな人が少ない物理です。工夫することも難しく感じてしまい，成績を伸ばせず悩んでいる人も多いのでしょう。授業後に冒頭の質問を多くの生徒から受けるのですが，それも納得です。そのような生徒には次のように答えています。

　物理が得意になるためのポイントは2つです。まず1つ目は「センス」です。生まれながら物理が理解できる人とそうでない人の違いがあります。「そのセンスがないから困っているんだけど……」って思いますよね。

　ご安心ください。実はぼくも，高校生のころは物理が苦手で，物理のその独特の考えかたに悩まされていました。どんな問題でも覚えている公式の数々を，とにかくあてはめて解こうとする。だからいつも平均点以下の点数しか取れませんでした。そんな中，センスのある友人に教わってあることをするようになってから，突然点数が伸びたのです。

　それは，物理が得意になるためのもう1つのポイントである「絵をかきながら考えていくこと」です。この本をパラパラとめくってみてください。多くの絵がかかれています。これらの絵はぼくが問題を解くときに描いているものです。絵をかきながら公式にとらわれずに解くこと，それが物理ができるようになるカギだったのです。

　さらにこの本の特長は，「3ステップ解法」という，物理のセンスがある人が頭の中で考えていることを，"見える化"させて，3つのスモールステップに分解したことです。歩きかたがわかれば，1人で遠くまでいくことができるように，考えかたがわかれば，はじめてみる問題も解くことができるようになるのです。

　これらのコツを含めたこの本は，生徒から受ける「わかりにくい！」の声に毎年頭を痛めながら，授業を改善してノートに書き留めていった結果，でき上がったものです。つまり，今まで一緒に勉強してきた生徒とつくった本といえるでしょう（生徒たちに感謝！）。では，さっそく読み始めてみてください！

桑子 研

本書の特長と使い方

1 基礎からはじめられる

本書は，はじめて物理基礎を学ぶ人にもわかりやすいように，キホンから手を抜かずに解説をしています。キャラクターと先生の解説の掛け合いを読みながら，スラスラ学習を進めることができます。
さらに，Pointでは物理基礎の超重要な公式や定理，著者直伝の問題の解きかた・知っていると差がつく考えかたをまとめています。

2 重要ポイントが一目でわかるビジュアル

知識の理解と記憶を助けるため，本書はフルカラーで，図や表をふんだんに盛り込んでつくりました。
文章だけではわかりにくい内容も，図を見ながら学ぶことで，イメージがふくらみ理解することができます。また，図を使って覚えたことは記憶から抜け落ちにくく，試験場で重要事項と図がリンクして思い出されることもあるでしょう。

3 取り外し可能な別冊で，重要事項をチェック＆復習

別冊には，本冊で学んだ重要な事項をまとめてあります。取り外して持ち運びが可能なので，通学途中やちょっとしたすきま時間など，利用できる時間をフル活用して知識の整理をしてください。

4 今から，共通テスト対策を始めよう！

- ステップ**1** まずは本を持ち歩いて，勉強するクセをつける
- ステップ**2** 紙と鉛筆を用意，絵をかきながらこの本の問題を解く
- ステップ**3** 学校の問題集や過去問も，この本の通りに解いてみる

この3ステップで勉強して，物理基礎を得点源の科目にしてしまいましょう。

contents

もくじ

SECTION	1	力学

SECTION	2	熱力学

SECTION	3	波動

共通テスト
特徴と対策はこれだ！

共通テストの特徴とは？

共通テストは，正式には大学入学共通テストと言われている。共通テストってどんな特徴のあるテストなのか知っている？

うーん，聞かれてみれば，よくわかりません。なんとなく難しいと聞いたことがあるぐらいです……。

じゃあきっと問題も見たことないだろうね。例えばこんな問題が出たんだよ。

第3問　次の文章は，演劇部の公演の一場面を記述したものである。王女の発言は科学的に正しいが，細工師の発言は正しいとは限らないとして，後の問い（**問1〜3**）に答えよ。（配点　18）

王女役と細工師役が，図1のスプーンAとスプーンBについての言い争いを演じている。

図1

王　女：ここに純金製のスプーン（スプーンA）と，あなたが作ったスプーン（スプーンB）があります。どちらも質量は100.0 gですが，色が少し異なっているように見え，スプーンBは純金に銀が混ぜられているという噂があります。

細工師：いいえ，スプーンBは純金製です。純金製ではないという証拠を見せてください。

えっ，定期テストや問題集で見る物理の問題とは全然違いますね。

変わった問題だよね。共通テストの特徴を知るためには，これから社会に出るみんなに，どんな力を身につけてほしいと社会が考えているかに関係があるんだ。

身につけてほしい力……？

具体的に言うと，「**知識を活用する力**」「**情報を比較・判断する力**」「**わかりやすく表現する力**」。これらの3つの力が，これからの社会に必要だと考えられている。そのために共通テストでは，これらの力が身についているかどうかを測りたいんだよ。

こういう抽象的な力は，ペーパーテストで測れるものなんですか？

するどいね！　ペーパーテストで3つの力を測るのは難しいけど，問題を作る人たちはそれらを測るために問題を作っているのがわかる。第1回の共通テストから，**問題文が長くなる傾向が見られる**んだよ。

そうか，そういうことか。もしかしたら会話文の中にヒントがあるとか？

よく気がついたね。文章をよく読むと条件設定がされていたり，複数の資料が提示されていたりするなど，問題文にヒントが散りばめられているんだよ。だから**読解力**も必要になる。

なんだか難しそうだなぁ……。

> ## POINT
> 　共通テストを通じて，次の3点の力を測りたいと考えている。
> ① 　知識を活用して考える力
> ② 　複数の資料から必要な情報を見極めて比較・判断する力
> ③ 　問題の意図を読み取ってわかりやすく表現する力

押さえておきたい共通テスト「物理基礎」のあれこれ

物理基礎についてもう少し具体的な内容について教えてもらえますか？マークシート形式の試験なのは知っています。

じゃあ物理基礎は何点が満点か知っているかな？

え，普通は100点満点ですよね，違うのですか？

物理基礎の満点は50点なんだ。**別の理科の基礎科目と合わせて，100点になる**んだよ。

どういうことですか？

物理基礎は「理科①」という科目の中にあって，理科①には，物理基礎／化学基礎／生物基礎／地学基礎の４つが含まれている。この中から２つを選ぶことができるんだ。それぞれ50点満点になっているから，理科①は合計で100点満点になるんだ。

では，どのようにして選ぶんですか？

マークシートに，選択科目をマークする欄があるよ。物理基礎とそのほかに何を選んだのか，解く科目のマークを忘れないようにすることが特に大切だ。マークを間違えないように気をつけてね。

試験時間はどうなるんですか？　30分経ったら，別の科目に切り替えるという指示があるのでしょうか。

2科目で60分が与えられる。**どのように時間配分するかは実は自由**なんだよ。たとえば，物理基礎を20分で解ければ，40分をもう1科目に充てられるよ。途中で物理基礎に戻って解き直すこともできる。時間配分をどうするかが重要になるね。

この本を読んで，物理基礎については25分くらいで解き切りたいです！

良い心がけだね。全体を見渡すためにも5分は余裕がほしいよね。他にも，日程を押さえておいてほしい。共通テストは何日で行われるか知っている？

2日間でしょう。それは知っています。

じゃあ，理科①は何日目のどの時間でやるか知っている？

え！？　そこまではまだわかりません。

2024年度試験では，理科①は2日目の9:30～10:30で試験が実施され

た。2日目の朝イチだね。

2日目にいいスタートを切るためにも，**朝に力を発揮できるように朝型のリズムを保ち続けることも大切な要素**になりそうです。

そうだね。試験の形式がなんとなくイメージできたかな？　次は問題の形式も確認しておこう！　物理基礎は第1問～第3問の3つの大問で構成されている。

大問ごとに違いはあるのでしょうか。

第1問は一問一答形式で，さまざまな知識が問われる。前提となる結論・結果を利用して解く問題が多い。

なるほど。ということは，第1問は問題集や定期テストの復習などで対策しやすそうですね。

そうだね。第2問・第3問は，長めの問題文や図表などの資料が多くなる。これらは第1問の勉強法とは違う勉強のやり方が必要になるかもしれないね。

なるほど。配点に違いはあるのでしょうか。

第1問は1問各4点で，4問あるから16点満点だ。第2問・第3問は小問がそれぞれ6問程度あって，1問あたり2～4点だね。2024年度はこのような配点だった。

問題番号（配点）	設問	解答番号	配点	問題番号（配点）	設問	解答番号	配点
第1問（16）	1	1	4	第3問（16）	1	10	3
	2	2	4		2	11	3
	3	3	4			12	
	4	4	4			13	
第2問（18）	1	5	3		3	14	2
	2	6	4		4	15	2
	3	7	4		5	16	3
	4	8	4		6	17	3
	5	9	3				

第1問を全問正解しても16点ってことは平均点にならなさそう……。第2問・第3問でさらに得点を伸ばすための勉強法について教えてほしいです。

第1問も甘く見てはいけないよ。公式を暗記するだけでは解けないように作られている。つまり，知識を覚えておくだけでは得点できないんだ。目安の点数としては6割，つまり30点以上の得点をまずは目指そう。

POINT

共通テスト理科①	
問題選択	物理基礎／化学基礎／生物基礎／地学基礎から2科目選択
日程	2日目の9：30～10：30
時間	2科目合わせて60分 時間配分は自由
配点	各50点の計100点満点

・第1問と第2・3問は傾向が異なる。

共通テストの傾向と対策

 第2問・第3問で実際に出題された問題を見て，どのようなポイントがあるのかを確認してみよう。次の2つの大問を読んでみて，何か気がつくことはあるかな？

（例1）

第3問 次の文章を読み，下の問い（問1〜5）に答えよ。

水平な実験台の上で，台車の加速度運動を調べる実験を，2通りの方法で行った。

まず，記録タイマーを使った方法では，図1のように，台車に記録タイマーに通した記録テープを取りつけ，反対側に軽くて伸びないひもを取りつけて，軽くてなめらかに回転できる滑車を通しておもりをつり下げた。このおもりを落下させ，台車を加速させた。ただし，記録テープも記録タイマーも台車の運動には影響しないものとする。

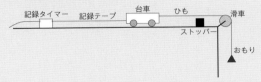

図1

図2のように，得られた記録テープの上に定規を重ねて置いた。この記録タイマーは毎秒60回打点する。記録テープには6打点ごとの点の位置に線が引いてある。

図2

（例2）

B　ドライヤーで消費される電力を考える。ドライヤーの内部
には，図3のように，電熱線とモーターがあり，電熱線で加
熱した空気をモーターについたファンで送り出している。ド
ライヤーの電熱線とモーターは，100 Vの交流電源に並列に
接続されている。ドライヤーを交流電源に接続してスイッチ
を入れると，ドライヤーからは温風が噴き出した。ただし，
モーターと電熱線以外で消費される電力は無視できるものと
する。

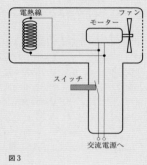

図3

う～ん，そうですね。実験そのものが問題になっています。それに実験
のデータが出ていますね。もう一つは，ドライヤーの仕組みなども出て
きました。出題者はなにを考えさせたいのでしょうか。

出題者のねらいを考えるのはいいことだよ。共通テストでは実験データ
の結果から読み取ったり考察したりすることが重要視されている。また，
ドライヤーのように**日常生活に関わりの深い問題が出題されるのも特徴
で，知識の活用が問われている**んだ。

なるほど。そう聞くと，公式を暗記して，その公式に数字を当てはめて
計算をするだけでは，正解にたどりつけなそうです。

公式を覚えておくこと自体は必要なんだけどね。知識は知識として必要
ということに変わりはないけど，その次のレベルである，応用力が試さ
れるということだね。

どうすれば，これらの問題に対応できるのでしょうか。

どうやって手をつければいいかわかりにくいよね。でもそんなに難しく考えなくてもいいんだよ。そうだな，先生が実際に取った実験データを使って考えてみようか。

力学的エネルギーの保存の実験

目的 ある物体が落下するときに，重力による位置エネルギーと運動エネルギーの関係がどのようになっているのかを調べる。

〈実験手順〉
① 図のように速度計を2台セットする。
② ボールを自由落下させて2地点の速度を記録する。
③ 同じ高さからの測定を複数回行い，平均値を計算する。
④ 速度計と物体の間の距離や速度から重力による位置エネルギーと運動エネルギーを計算する。

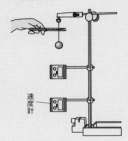
速度計

〈結果〉 おもりの質量0.028〔kg〕

ボールの高さh〔m〕	①重力による位置エネルギー〔J〕 (計算方法) 質量×9.8×高さ	速さ〔m/s〕 (5回の平均値)	②運動エネルギー〔J〕 (計算方法) $\frac{1}{2}$×(質量)×(速さ)^2
0.600	0.17	0	0
0.400	0.11	1.93	0.052
0.200	0.055	2.74	0.11

 それぞれのボールの高さにおける，重力による位置エネルギーと運動エネルギーの関係について，気がつくことはあるかな？

え！ なんだろう。文章から実験の様子は想像できたけど……。

 数字だけ眺めていてもイメージしにくいよね。先生もパッとはわからないんだよ。こういうときはね，グラフにして考えてみるとどうかな。

そうか。グラフにすることは大切でしたね。やってみます。

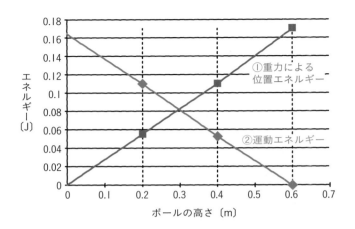

グラフ（縦軸：エネルギー〔J〕、横軸：ボールの高さ〔m〕）
①重力による位置エネルギー
②運動エネルギー

先生，もしかして，①が増えると，②が減るという関係性……ということですか？

もう少しわかりやすく表現してみてもらえるかな。

表にも書き込んでみました。例えば，高さが0.6 mから0.4 mに減ると，①の値は0.06減って，②の値は0.052増えています。0.4 mから0.2 mについても調べてみました。

おもりを落下させた高さh〔m〕	①重力による位置エネルギー〔J〕（計算方法）計算：質量×9.8×高さ	速さ〔m/s〕（5回の平均値）	②運動エネルギー〔J〕計算：$\frac{1}{2}$×質量×速さ^2
0.600	0.17	0	0
0.400	0.11	1.93	0.052
0.200	0.055	2.74	0.11

−0.06
−0.055

+0.052
+0.058

確かに，①の減る量と②の増える量が同じような値になっているね。すばらしい気づきだよ。それぞれの高さで①と②を足してみると，何が言える？

そうか。0.6 mでは0.17＋0＝0.17 J，0.4 mでは0.11＋0.052＝0.162 J，0.2 mでは0.165 J。重力による位置エネル

ギーと運動エネルギーの和がほとんど変わらない。あ！　これは，力学的エネルギーの保存というやつですね。

そうなんだ。いま一緒に手を動かしながら考えたことを思い出してほしい。グラフにして特徴を探したり表から規則性を探したりしたよね。**これら一連の流れの中に，知識の活用，図表の読み取り，表現する力，などが含まれている**。共通テストで必要な3つの力だ。今回，先生が細かく聞いたこと，これらが問題として出題されるイメージだ。

なるほど，難しかったけど，発見があっておもしろさも感じました。

知識だけを問う問題であれば，力学的エネルギー（①＋②）というものが変わらないことを前提とした計算問題になるだろうね。違いがわかったかな？

そうかぁ。ということは，実験結果からよく考える習慣を日頃から持っておくことが対策になるということでしょうか。

そうだね。だから時間はかかるかもしれないけど，**普段の授業の中で，実験をして考察をすることが大切**と言えるかもしれない。また，考えるための前提の知識として，位置エネルギーや運動エネルギーの公式，力学的エネルギーという言葉の意味を知っておく必要は共通テストでも変わらないね。

なるほど，よくわかりました。

ちょっと待ってほしい。実験データをみると，力学的エネルギーは高さによって値がわずかに異なっているよね。本当に同じと言っていいんだろうか？

え！　そ，そういえば……。

実は実験はいろいろな解釈ができることが普通なんだ。何か他の原因があるのかもしれない。そういった実験と理論との違いについても，共通テストでは問われることがあるんだよ。

奥が深いなぁ～。

3つの力を伸ばすためには，毎日の授業や日々の生活の中で，次のことを意識することをおすすめしたい。

☑ 自然現象を科学的に考え，思考力を育てる

　日常で見られる自然現象を科学的に考え抜こう。授業以外のときでも注意深く過ごしたり，実験をしたりすれば疑問点が多く出てくるはず。そんなとき，すぐに教科書などに書かれている答えを見ないで，実際に考えて試すなど行動を起こしてみよう。

☑ データを検証して，判断力を身につける

　代表的な実験について，実際のデータからいえることを吟味してみよう。実験がいろいろな事情でできない場合には，教科書にある実験のデータや，共通テストの過去問を使ってもよい。そして，それらのデータを図や表にまとめて，特徴や傾向などを考えて，どのようなことが言えるのかを書き出してみよう。

☑ 他の人と話し合って，表現力を高める

　実験によって得られた結果を表やグラフにまとめて，考えたことを他者に伝えてみよう。また，話し合ってみよう。よりよい表現方法や新たな発見に出会えることがある。

👤 急がば回れ。すぐに身につくことではないことがよくわかりました。また，時間はかかるかもしれないけど対策できるものであることもわかりました。

🧑 「今からでは間に合わないかもしれない」と，不安に思うかもしれない。でも，小学校からの学校教育の中で，これらの3つの力は多かれ少なかれ育っている。つまり，みんなの中に蓄積されているものなんだ。この本を通じて少し意識をして勉強すれば，必ず伸びるし，共通テストでも高得点を目指せるよ。

SECTION

力学

1

SECTION

1

力学

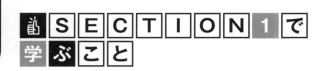

 SECTION 1 で学ぶこと

ここが問われる！ 等加速度運動の公式をカスタマイズできるか？
運動の様子を見て，作る式を選べるか？

等加速度運動の位置の公式・速度の公式

$$\begin{cases} x = \dfrac{1}{2}at^2 + v_0 t & \cdots\cdots ❶ \quad 位置の公式 \\ v = at + v_0 & \cdots\cdots ❷ \quad 速度の公式 \\ v^2 - v_0^2 = 2ax & \cdots\cdots ❸ \quad 時間のない式 \end{cases}$$

　物理において，覚える公式の数は必要最低限にしたいところ。**等加速度運動の公式は，問題に合わせてカスタマイズ**できることが大切だ。これができれば落下運動も同様に解くことができる。本書では先生の考え方を 3 ステップに分解して「見える化」しているよ。

等加速度運動の 3 ステップ解法

ステップ ❶ 絵をかいて，動く方向に軸をのばす
ステップ ❷ 軸の方向を見て速度・加速度に＋または－をつける
ステップ ❸ a，v_0 を「等加速度運動の公式」に入れて問題にあった式を作る

　そして，図をかくこともとても大切。どの単元の問題でも，問題文の状況を図にしてから解いていくと，正確に状況を把握できるからミスも減るよ。

例）

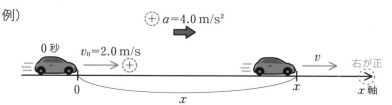

また，物理の問題で出てくる物体は，もちろん誌面では動いていないんだけど，設定として止まっていたり動いていたりする。

物体の動きをイメージして，物体の動きに合わせて**力のつり合い**または**運動方程式**を作っていこう。

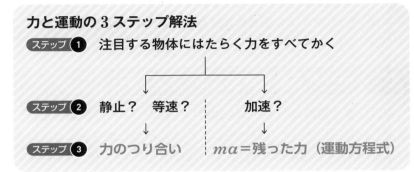

力と運動の3ステップ解法

ステップ 1 注目する物体にはたらく力をすべてかく

ステップ 2 静止？　等速？　　　加速？

ステップ 3 力のつり合い　　ma＝残った力（運動方程式）

ここが問われる！ エネルギー保存の式は外力に注意！

エネルギーの保存の問題では，物体の「**はじめ**」と「**あと**」の様子にそれぞれ着目しながらエネルギーをかき出していこう。そして，重力や弾性力以外の力（外力）がはたらいているかに注意をして，**「はじめ」と「あと」を等式，つまりイコールで結ぶよ。**

エネルギー保存の3ステップ解法

ステップ 1 絵をかき，「はじめの状態」と「あとの状態」を決める

ステップ 2 力学的エネルギーをそれぞれかき出す

ステップ 3 仕事を加えてエネルギー保存の式を作る

落下運動や，振り子運動，摩擦を無視できるような運動では，力学的エネルギーが保存することがあるね。

1 3つのグラフ

ここで
きめる！

🔖 等速直線運動と等加速度運動のグラフの性質をつかむ。

🔖 v–t グラフの傾きは加速度，面積は移動距離を示す。

1 グラフから動きを捉える

　身近な車や電車の動きをよく観察してみましょう。加速したり，減速したり，いろいろな動きをしていることがわかりますね。次の図は，一定の時間間隔で撮影した，北に進んでいる2つの車（赤・青）の動きを示しています。縦軸 x は車の位置を示しています。そして隣にあるグラフは，縦軸に x，横軸に車のいる時間 t（time の

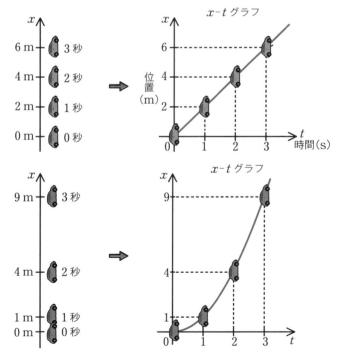

t）をとったグラフです。x–t グラフといいます。

x–t グラフを見ると，それぞれの
動きの特徴がよくつかめますね。

　実は赤い車は「**等速直線運動**」，青い車は「**等加速度運動**」とい
う運動をしています。

　もう少しこの 2 つの運動について詳しく分析していきます。**速さ**
とは単位時間あたりに進む距離のことをいい，次の式で表されます。

SECTION

1

力学

> **POINT**　　**速さの式**
>
> $v = \dfrac{x}{t}$ 〔m/s〕　　$\left(速さ = \dfrac{距離}{時間}\right)$

　1 秒間で，車が 3 m 進んでいたとき，速さは 3 m/s というよう
に表します。また同じ速さでも車が北に行ったのか，南に行ったの
かによって，到達する場所はずいぶん異なりますよね。

　このように速さに向きがついた物理量を**速度**といいます。一直線
上の場合，例えば上の図のように北向きを正と決めると，車がもし
南に進んでいる場合は，マイナスをつけて表現します。

　　　+5 m/s（意味：北に 5 m/s の速さで動いている）

　　　−5 m/s（意味：南に 5 m/s の速さで動いている）

　赤い車と青い車の速度について，今度は**縦軸に速度 v** を，横軸に
時間 t をそれぞれとった，v–t グラフを見てみましょう。

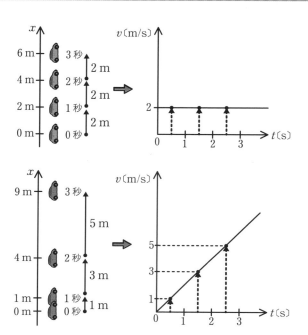

あれ？　青い車は時刻 1 秒のとき左のグラフから 1 m 進んでいるから，1 m/s のはず。でもグラフを見ると……1 秒のときに 2 m/s になっている？

　　いい質問ですね！　今計算した 1 m/s は，0〜1 秒間を一定の速度で動いたときの速度を表しています。これを**平均の速度**といいます。その代表の値として真ん中の時刻 0.5 秒に 1 m/s をプロットしているのです。他の時間の平均の速度も計算をしてそれぞれ記録すると，原点をとおる直線を引くことができ，青い車は時刻 1 秒のとき，その瞬間の速度は 2 m/s だということがわかります。このようなある時刻における速度を**瞬間の速度**といいます。

赤い車の速度を見ると，ずっと一定で変化しない。だから「等速直線運動」という名前なんですね！

2 | 加速度と a-t グラフ

加速度は単位時間（1秒）あたりに変化した速度（m/s）のことで，次の式で表されます。

> **POINT** 加速度の式
>
> $$a = \frac{v}{t} \ (\text{m/s}^2) \quad \left(\text{加速度} = \frac{\text{速度の変化}}{\text{経過した時間}} \right)$$

たとえば，1 m/s で動いていた車の速度が，2秒後に6 m/s となったとき，その加速度は（6 m/s－1 m/s）÷2s＝2.5 m/s² となります。加速度の単位は，速度 m/s をもう一度，時間 s で割っているため，m/s² を使います。加速度も速度と同様に，大きさと向きを持つ物理量です。このような量を**ベクトル量**といいます（なお，大きさのみの量を**スカラー量**といいます）。

次のグラフは，先ほどの赤い車と青い車の加速度 a と時間 t の関係を表した a-t グラフです。

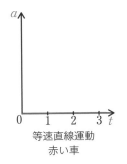

等速直線運動
赤い車

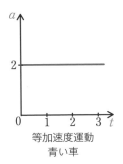

等加速度運動
青い車

v-t グラフと比べながら見てみましょう。赤い車は動いているものの，速さが変化しないので，加速度はいつでも 0 m/s² です。

それに対して青い車は，1秒ごとに速さが2 m/s ずつ増えており，どこの1秒でも増え方は2なので，ずっと2 m/s² となります。

なるほど！　青い車の加速度を見ると，加速度が等しく変わらない！　**等加速度運動**という運動名に納得しました。

3　3つのグラフと2つの秘密

　ここで x-t，v-t，a-t を並べて比較してみると，2つの秘密に気づきます。等速直線運動のグラフをまずは見てみましょう。

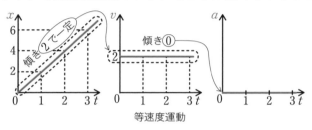

等速度運動

　x-t グラフの傾きは2で，これは速度 v になっています。また v-t グラフの傾きは0でこれは加速度 a になっています。等加速度直線運動はどうなっているのでしょうか。

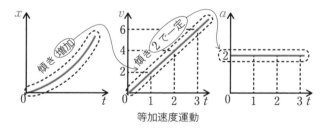

等加速度運動

　x-t グラフを見ると，傾きがだんだん増えていきます（実は二次関数のグラフです）。よって，v-t グラフも増えていきます（一次関数のグラフです）。v-t グラフの傾きは2で一定になっています。よって，a-t グラフの値が2で一定となります。

　どちらの場合も，3つのグラフが傾きで関連し合っているのがわかりますね。

グラフの秘密その1

● x–t グラフの傾きは速度を示す。
● v–t グラフの傾きは加速度を示す。

　2つ目の秘密に迫っていきましょう。等速直線運動の v–t グラフにおいて，$t=3$ のところで四角形を作ります。そして面積を計算すると，$2×3=6$ となりますね。

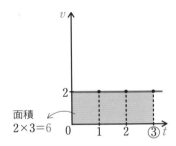

　等速直線運動の x–t グラフの $t=3$ のところを見てみると……，6！　このように v–t グラフの面積はそのときに進んだ距離と対応しているのです！

グラフの秘密その2

● v–t グラフの面積は進んだ距離を示す。

　このことは等加速度運動でもいえます。等加速度運動の $t=3$ 秒での移動距離は 9 m でしたが，v–t グラフを見ると三角形になっていて，その面積を計算すると，

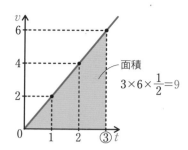

$$3 \times 6 \times \frac{1}{2} = 9\,\mathrm{m}$$

$9\,\mathrm{m}$ になっています！

　グラフの秘密 1 と 2 のことをまとめると，「v-t グラフ」の「傾き」や「面積」を調べることで，その隣にある x-t グラフや a-t グラフのことがわかるのです。

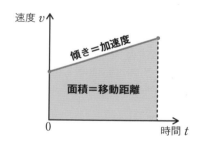

①　v-t グラフの傾きは，加速度
②　v-t グラフの面積は，移動距離

（1） 次の x-t グラフは，ある人の運動のようすを示している。この人の速さを求めなさい。

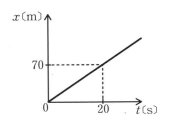

（2） 駅で止まっていた電車が，一定の加速度 $0.40\,\mathrm{m/s^2}$ で 20 秒間動いた。

① この運動の 0 秒から 20 秒までの v-t グラフをかきなさい。

② 20 秒間に電車が移動した距離を求めなさい。

（3） ある電車が A 駅から B 駅へ向けて出発し，次のグラフのように，A 駅を出発してから 150 秒後に B 駅に着いた。

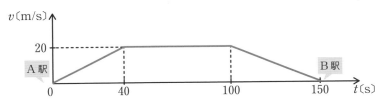

① 100〜150 秒の加速度を求めなさい。なお加速度はベクトル量である。

② A 駅と B 駅の距離を求めなさい。

（1） 「x-t グラフの傾きは速度を示す」を使います！ 傾きを求めると，20 秒間で 70 m まで移動したので次のようになります。

$$傾き＝\frac{70\,\mathrm{m}}{20\,\mathrm{s}}＝3.5\,\mathrm{m/s}$$ 答

（2）① 静止していたので，0 秒のときの速さは $0\,\mathrm{m/s}$ となります。そして「v-t グラフの傾きは加速度を示す」ので，傾きが 0.40 の v-t グラフをかきましょう。傾きとは目盛りが 1 増えたとき

の変化量なので，1秒では0.40 m/s，2秒では0.80 m/sです。よって，20秒後には，0.40×20＝8.0 m/sの速さになっていることがわかります。

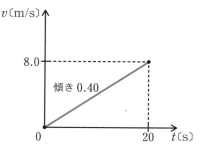

② 「v–tグラフの面積は，進んだ距離を示す」を使います。20秒間の三角形の面積を計算すると答えが求められます。①より

$$20 \times 8.0 \times \frac{1}{2} = 80 \,\text{(m)}$$

(3)① 「v–tグラフの傾きは加速度を示す」ので，傾きを求めてみましょう。

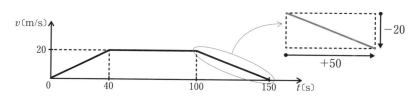

$$a = \frac{v}{t} = \frac{-20}{+50} = -0.4 \,\text{m/s}^2$$

負の加速度は，はじめの進行方向と逆向きの加速度，つまり減速を示しています。

はじめの進行方向とは逆向きに **0.40 m/s²**

② v–tグラフが作りだした面積（台形）を，0～40秒の三角形，40～100秒の長方形，100～150秒の三角形に分けて，求めます。

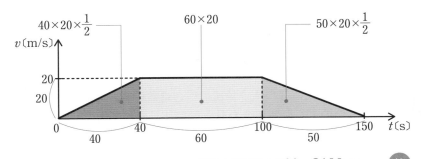

$$400 + 1200 + 500 = \mathbf{2100 \ m}$$

答

2 等加速度運動の式を使いこなす

ここで きめる!

🏅 覚える式は3つ！ 位置の式，速度の式，時間のない式。

🏅 3つの式を問題に合わせた形に作り直して使おう！

🏅 3つの式から運動の様子をイメージできるようにしておく。

1 等加速度運動の式

等加速度運動の2つの公式をまずは紹介します。

> **POINT** 等加速度運動の位置の公式・速度の公式
>
> $$\begin{cases} x = \dfrac{1}{2}at^2 + v_0 t & \cdots\cdots \text{❶ 位置の公式} \\ v = at + v_0 & \cdots\cdots \text{❷ 速度の公式} \end{cases}$$

見たことのない文字 v_0 は，初速度といって時刻0での速度を示しています。v_0 で1つの文字です。この式は長くて覚えにくそうな式ですが，実はこの式から運動をイメージできれば，そんなことはありません。時間 t 以外の文字を隠してみると，

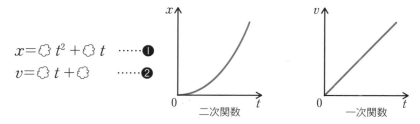

$x = \bigcirc t^2 + \bigcirc t$ $\cdots\cdots$❶
$v = \bigcirc t + \bigcirc$ $\cdots\cdots$❷

二次関数　　　　　　　　一次関数

x は t の二次関数であること，v は t の一次関数であることを示しています。これって等加速度運動の x–t と，v–t グラフのことを示しているのですね。少しイメージできましたか？ 式の導き方はあとにして，まずはこの式を使ってみましょう。次の3ステップで

問題を解いてみます。

> **POINT** **等加速度運動の3ステップ解法**
> ① 絵をかいて, 動く方向に軸を伸ばす
> ② 軸の方向を見て, 速度・加速度に, +または−をつける
> ③ a, v_0 を「等加速運動の公式」に入れて式を作り, 問題を解く

 例題 ある静止していた車(初速度 $0\,\mathrm{m/s}$)が, 加速度 $0.40\,\mathrm{m/s^2}$ で出発した。この車の 20 秒後の速度と移動距離を求めなさい。

ステップ① 絵をかいて, 動く方向に軸を伸ばす

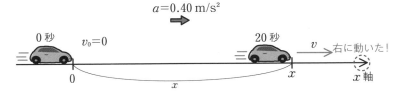

ステップ② 軸の方向を見て, 速度・加速度に+または−をつける

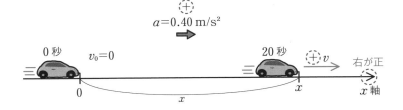

a, v_0 を「等加速運動の公式」に入れて式を作り解く

$$x=\frac{1}{2}at^2+v_0t=0.20t^2 \quad \cdots\cdots①$$

$$\underset{+0.40}{\uparrow} \quad \underset{+0}{\uparrow}$$

$$v=at+v_0=0.40t \quad \cdots\cdots②$$

$$\underset{+0.40}{\uparrow} \quad \underset{+0}{\uparrow}$$

この「$x=0.20t^2$」と「$v=0.40t$」がこの問題で使う「距離の式」と「速度の式」です。問題では 20 秒後の移動距離や速度が知りたいので，$t=20$ を代入すると，

【20 秒間の移動距離】

$$x=0.20t^2=0.20\times20^2=80 \ (\mathrm{m}) \quad 答$$

【20 秒後の速度】

$$v=0.40t=0.40\times20=8.0 \ (\mathrm{m/s}) \quad 答$$

この式を作っておけば，時刻 t に他の時刻を入れることで，そのときの車の位置や速度が手に入るというわけです。物体の位置を予測できる強力な式ですね。

2 等加速度運動の式の導出

公式の導き方を覚えておくと，より応用力をもってこの式を使いこなすことができます。初速度 v_0 で一定の加速度 a で走る車の運動について，v–t グラフで表すと，次のようになりますね。

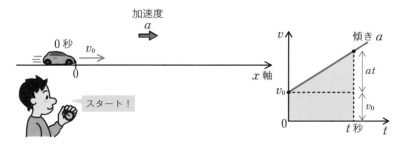

ある時刻 t 秒のときの車の位置 x を知るためには，v–t グラフの面積に着目します。長方形と三角形に分けて，面積を見ていきましょう。v–t グラフの傾きは加速度でした。傾きとは1秒あたりの変化量なので，1秒で $a \times 1$，2秒なら $a \times 2$ 変化します。では t 秒ならどうでしょう？

えーっと，$a \times t$ ですね。

　そう。このときの面積をそれぞれ計算して，足し合わせると，位置の式を導くことができます。

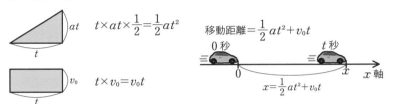

at　$t \times at \times \dfrac{1}{2} = \dfrac{1}{2}at^2$

v_0　$t \times v_0 = v_0t$

移動距離 $= \dfrac{1}{2}at^2 + v_0t$

0秒　　　　　　　　　t 秒

$x = \dfrac{1}{2}at^2 + v_0t$

なるほど！　$\dfrac{1}{2}$ は三角形の面積計算からきていたのですね。

　また，時刻 t 秒での速度 v はというと，次の図の，「ココ」と示したところにあたります。図より v は at と v_0 の足し算になります。速度の式が導かれました。

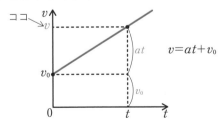

ココ

$v = at + v_0$

3　時間のない式

位置の式と速度の式を組み合わせて導くことができるのが，次の「時間のない公式」です。

> **POINT　時間のない公式**
>
> $$v^2 - v_0{}^2 = 2ax \quad \cdots\cdots ❸$$

この式は，速度の式を $t=○$ の形にし，位置の式に代入して整理すると導くことができます。導出について，少し複雑でめんどうな式展開なのですが，ぜひ挑戦してみてください。その大変さを乗り越えた式だからこそその良さがあります。それについては後ほど紹介しますね。

以上3つの式を覚えておきましょう。

(1)　12 m/s の速さで走っていた自動車が，ブレーキをかけて一定の加速度で減速し，5.0秒後に止まりました。このときの車の加速度を求めなさい。また，停止するまでの移動距離を求めなさい。

(2)　x 軸上を等加速度運動するボールが，原点を速度 2.0 m/s で通過した後，$x=5.0$ m の点を速度 6.0 m/s で通過した。このボールの加速度はいくらか。

「等加速度運動の3ステップ解法」で解きましょう。

ステップ❶　絵をかいて，動く方向に軸をのばす

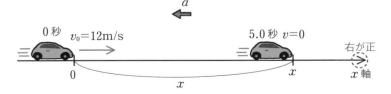

この場合，**減速をしているため加速度は x 軸と逆を向きます。**
加速度の大きさはわからないため，a とおきます。

ステップ ② 軸の方向を見て，速度・加速度に＋または－をつける

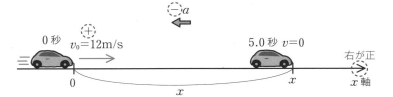

加速度は x 軸とは逆を向いているので，マイナスとなります。

ステップ ③ a，v_0 を「等加速度運動の公式」に入れて問題にあっ
た式を作る

$$x=\frac{1}{2}\underset{\substack{\uparrow\\-a}}{a}t^2+\underset{\substack{\uparrow\\+12}}{v_0}t=-\frac{1}{2}at^2+12t \quad \cdots\cdots ③$$

$$v=\underset{\substack{\uparrow\\-a}}{a}t+\underset{\substack{\uparrow\\+12}}{v_0}=-at+12 \quad\quad \cdots\cdots ④$$

ん？　ここからどう解けばいいんだ……？

「この車は 5.0 秒後に速度が 0 m/s になった」という条件が問題文
にあり，これを使っていませんね。④の速度の式に $t=5.0$，$v=0$
を代入してみましょう。

$$\underset{\substack{\uparrow\\0}}{v}=-a\underset{\substack{\uparrow\\5.0}}{t}+12$$

$$0=-5a+12$$

$$a=2.4\,(\mathrm{m/s^2})$$

「加速度の大きさ」であれば，$2.4\,\mathrm{m/s^2}$ でもよいのですが，「加速
度」を求めなさいと問われているので，答えは向きも含めて書きま
しょう。ベクトル量に注意！

車がはじめに動いていた向きとは逆向きに **$2.4\,\mathrm{m/s^2}$**

次に，移動距離について求めます。位置の式の加速度 a に 2.4 を，時刻 t には 5.0 を代入します。

$$x=-\frac{1}{2}\times 2.4\times 5.0^2+12\times 5.0$$

$$=-30+60$$

$$=30\,(\mathrm{m})\quad \boxed{答}$$

(2)　まずは 2 つの式をそれぞれ作っていきましょう。

ステップ❶ 　**絵をかいて，動く方向に軸をのばす**

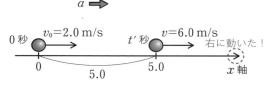

　加速度の大きさはわからないため，とりあえず a とおきます。

ステップ❷ 　**軸の方向を見て，速度・加速度に＋または－をつける**

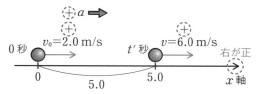

ステップ❸ 　a，v_0 **を「等加速度運動の公式」に入れて問題にあった公式を作る**

$$x=\frac{1}{2}at^2+v_0t=\frac{1}{2}at^2+2t \quad \cdots\cdots ⑤$$

$$v=at+v_0=at+2 \quad\qquad\cdots\cdots ⑥$$

「$x=5.0$ のとき，速度が 6.0」になっているという条件を使っていませんね。このときの時刻をとりあえず t' として，⑤式と⑥式に代

入してみましょう。

$$5.0 = \frac{1}{2}at'^2 + 2t' \quad \cdots\cdots ⑤'$$

$$6.0 = at' + 2 \quad \cdots\cdots ⑥'$$

　⑤' と⑥' を見ると、わからないのが a と t' の2つです。2つわからないものはありますが、**式は2つありますので、連立すれば解くことができます。** ⑥' の式で t' について解いて、⑤' に代入して計算します。⑥' を t' について解くと

$$t' = \frac{4}{a}$$

これを⑤' に代入すると、次のようになります。

$$5.0 = \frac{1}{2}a\left(\frac{4}{a}\right)^2 + 2\left(\frac{4}{a}\right)$$

これを a について解くと

$$5.0 = \frac{1}{2}a\left(\frac{16}{a^2}\right) + \frac{8}{a}$$

$$5.0 = \frac{8}{a} + \frac{8}{a}$$

$$5.0 = \frac{16}{a}$$

$$5a = 16$$

$$a = 16 \div 5 = 3.2 \,(\mathrm{m/s^2}) \quad$$

めんどうな計算の問題でしたね。…… 「めんどう」 といえば？

もしや!? 「時間のない式」が
使えるのでしょうか。

　やってみましょう。初速度 v_0 が 2.0、最終的な速度 v が 6.0、位置 x が 5.0 なので、これらを「時間のない式」に代入してみましょう。

$$v^2 - v_0^2 = 2ax$$

$$\underset{\substack{\uparrow\\6.0}}{v^2} - \underset{\substack{\uparrow\\2.0}}{v_0^2} = 2a\underset{\substack{\uparrow\\5.0}}{x}$$

$$32 = 10a$$

$$a = 3.2$$

このように，「時間のない式」を使うと，めんどうな計算をせずとも，すぐに答えにたどり着く場合があります。

過 去 問 にチャレンジ

　水平な実験台の上で，台車の加速度運動を調べる実験を，2通りの方法で行った。

　まず，記録タイマーを使った方法では，図1のように，台車に記録タイマーに通した記録テープを取りつけ，反対側に軽くて伸びないひもを取りつけて，軽くてなめらかに回転できる滑車を通しておもりをつり下げた。このおもりを落下させ，台車を加速させた。ただし，記録テープも記録タイマーも台車の運動には影響しないものとする。

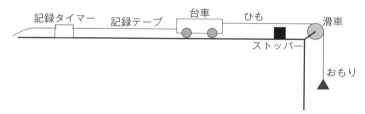

図1

　図2のように，得られた記録テープの上に定規を重ねて置いた。この記録タイマーは毎秒60回打点する。記録テープには6打点ごとの点の位置に線が引いてある。

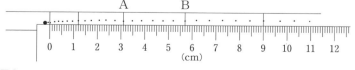

図2

図2の線Aから線Bまでの台車の平均の速さ $\overline{v}_{AB}$ はいくらか。次の式の空欄 □ に入れる数値として最も適当なものを，下の①～⑥のうちから一つ選べ。

$$\overline{v}_{AB} = \boxed{} \text{ m/s}$$

① 0.017 　　② 0.026 　　③ 0.17

④ 0.26 　　⑤ 1.7 　　⑥ 2.6

（2021年　第3問）

　記録タイマーとは，決まった時間間隔で記録テープに点を打って目印を打つことができる装置です。毎秒60回打点するということは，1つの点と次の点との間の時間は，$\frac{1}{60}$ 秒ということになります。線Aから線Bには6打点ごとに区切られているので，この間の時間は

$$\frac{1}{60} \times 6 = \frac{1}{10} \text{ 秒}$$

ということがわかりますね。この間の移動距離を見てみると，5.7（B点）－3.1（A点）＝2.6 cm であるので，速さは

$$v = \frac{2.6}{0.1} = 26 \text{ cm/s} = 0.26 \text{ m/s}$$

ということがわかります。答えは④です。

答え ④

　なお，記録タイマーはその仕組み上，交流電源の周波数というものを使って打点している関係から，東日本では毎秒50回，西日本では毎秒60回打点されます。問題によっては，毎秒50回打点のものも出題されることがあります。

THEME

3 公式丸暗記だと失敗のもと！落下運動

ここで
まとめる！

📖 落下運動の加速度はどれも鉛直下向きに一定で $9.8\,\mathrm{m/s^2}$ である。

📖 落下運動は等加速度運動に含まれる。

📖 いろいろな落下運動の種類に合わせて，式をカスタマイズ。

1 自由落下運動と等加速度運動

　すべての物体は，**空気抵抗がもし無視できれば**，地球の中心方向（鉛直下向きといいます）に，同じ加速度 $9.8\,\mathrm{m/s^2}$ で落下していきます。これを重力加速度といい，文字 g を使って表します。この数字 $g=9.8$ さえ覚えていれば，落下運動は等加速度運動なのでその位置や速度を知ることができます。

> 例題　ボールを橋の上から初速度 $0\,\mathrm{m/s}$ で，そっと落としたら 2 秒後に水に落ちた音がしました。水面から橋の上までの高さを求めなさい。

等加速度運動の 3 ステップ解法から，自由落下の式を作ると，

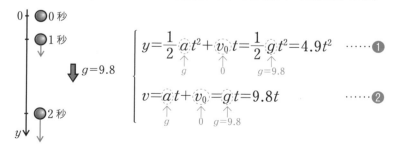

$$y=\frac{1}{2}at^2+v_0t=\frac{1}{2}gt^2=4.9t^2 \quad \cdots\cdots ❶$$

$$v=at+v_0=gt=9.8t \quad \cdots\cdots ❷$$

となります。軸に y を使っていますが，物理では普通，水平方向は x，鉛直方向は y を使用します。このことから，2 秒後の「落下距

離＝水面から橋までの高さ」は，$t=2$ を代入すると，

$\qquad 4.9 \times 2^2 = 19.6 \,\mathrm{m}$

であるとわかります。また，そのときの速度は

$\qquad 9.8 \times 2 = 19.6 \,\mathrm{m/s}$

となります。なお，初速度 $0\,\mathrm{m/s}$ で落下する運動を自由落下といいます。この式自体を覚えないでください。落下運動の式は，等加速度運動の式をもとに作り変えていくことが大切だからです。

2　初速度がある場合の落下運動

　自由落下以外の落下運動についてはどうでしょうか。

　初速度が鉛直下向きの落下運動を，**鉛直投げ下ろし**といいます。そのときの初速度を v_0 として，鉛直投げ下ろしの式を作ってみましょう。3 ステップ解法より，次のようになります。

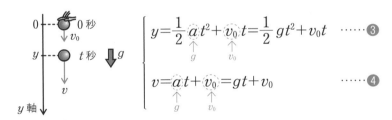

$$y = \frac{1}{2}at^2 + v_0 t = \frac{1}{2}gt^2 + v_0 t \quad \cdots\cdots ③$$

$$v = at + v_0 = gt + v_0 \quad \cdots\cdots ④$$

簡単に作れますね！

　鉛直上向きに初速度がある場合の運動を**鉛直投げ上げ**といいます。初速度がはじめに上向きにあるので，上昇していきます。しかし少しずつ速度を落としながら，あるところまで行くと，今度は下降して，手元に戻ります。やや複雑な運動ですね。

　鉛直投上げについては，3 ステップ解法を使いながら，ていねいに式を作ってみましょう。

ステップ **1** **絵をかいて，動く方向に軸をのばす**

　y 軸は「ボールがはじめに動く方向」にとるのが鉄則です。先ほどの自由落下や鉛直投げ下ろしの場合は，どちらも，はじめに下に動き出すので，軸は下に向けていました。今回の鉛直投げ上げ運動は，ボールははじめ上に動くので，上向きに軸をのばします。これが正の向きです。原点はボールがはじめにいる位置にとりましょう。

ステップ **2** **軸の方向を見て，速度・加速度に＋または－をつける**

　y 軸の向きと同じ上向きなら「正」，逆向きなら「負」です。加速度がマイナスになりましたね。

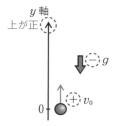

ステップ **3** a，v_0 を「等加速度運動の公式」に入れて問題にあった式を作る

$$y = \frac{1}{2}\underset{\substack{\uparrow \\ -g}}{a}t^2 + \underset{\substack{\uparrow \\ +v_0}}{v_0}t = -\frac{1}{2}gt^2 + v_0 t \quad \cdots\cdots ⑤$$

$$v = \underset{\substack{\uparrow \\ -g}}{a}t + \underset{\substack{\uparrow \\ +v_0}}{v_0} = -gt + v_0 \quad \cdots\cdots ⑥$$

これで完成です！

この式が本当に投げ上げ運動を表しているの？

　具体的にイメージしてみましょう。真上へ投げ上げる初速度 v_0 を $20\ \mathrm{m/s}$，重力加速度 g を $10\ \mathrm{m/s^2}$ としてみます。それぞれ代入すると，

$$\begin{cases} y=-\dfrac{1}{2}\times 10t^2+20t=-5t^2+20t \quad \cdots\cdots ❺' \\[2mm] v=-10t+20 \quad \cdots\cdots ❻' \end{cases}$$

となります。そして位置の式に 0 秒から 4 秒までの時間をそれぞれ入れてみました。

$t=0$	$y=0$
$t=1$	$y=15$
$t=2$	$y=20$
$t=3$	$y=15$
$t=4$	$y=0$

y 軸

2秒　20
1秒　15　3秒
0秒　0　4秒

　上がってから，落ちてきましたね。次に速度の式も同様にいれてみて，図に書き込むと…

$t=0$	$v=20$
$t=1$	$v=10$
$t=2$	$v=0$
$t=3$	$v=-10$
$t=4$	$v=-20$

y 軸

2秒　$v=0$　20
1秒　10↑　15　3秒　↓-10
0秒　20↑　0　4秒　↓-20

なるほど，速度が 0 は最高点を，速度が負というのは落ちてくることを示しているのですね！

　ここで覚えてほしいことが 2 つあります。

SECTION

1

力学

① **最高点では速さが 0 m/s になる**

（折り返し地点であるため）

② 最高点を中心として**対称性がある**

②について補足します。同じ高さでは速度の大きさ（速さ）が同じになります。また 2 秒かかって最高点に行った場合，2 秒かけてもとの位置におりてきます。

3　合成速度と相対速度

地面の上を歩くとき，速さが 1 m/s だとします。動く歩道の速さが 0.5 m/s で，その上を同じように速さ 1 m/s で歩くと，静止している人から見ると，スピードが増して，1＋0.5 で 1.5 m/s で動いて見えます。このように足し合わせた速度を**合成速度**といいます。

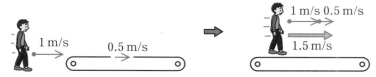

次に高速道路を走る車を想像してみましょう。車 A の速度は 80 km/h（時速 80 km）で，後ろから来た車 B が 100 km/h で，車 A を追い抜いたとします。このとき車 A に乗っている人から見れば，車 B がゆっくりと（20 km/h）近づいてきて，追い抜いていくように見えます。このように運動している観測者から見た物体の速度を**相対速度**といいます。

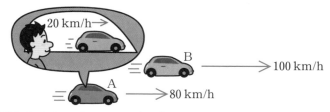

相対速度は次の 3 ステップで求めることができます。

POINT **相対速度の3ステップ解法**

ステップ 1 私のベクトル（矢印）をかく

ステップ 2 （始点をそろえて）あなたのベクトルをかく

ステップ 3 私からあなたへ～♪

では，先ほどの例を「相対速度の3ステップ解法」で解いてみましょう。

ステップ 1 私のベクトル（矢印）をかく

自分の車の速度は $80\,\mathrm{km/h}$ でした。

```
❶ •——80——→
```

ステップ 2 （始点をそろえて）あなたのベクトルをかく

相手の車の速度は $100\,\mathrm{km/h}$ で同じ方向でした。ベクトルの始点をそろえてかくのがポイントです。

```
❶ •——80——→
❷ •————→
      100
```

ステップ 3 私からあなたへ～♪

私の矢印の先を始点，相手の矢印の先を終点としてベクトルを引きます。

```
        ❸
❶ •——80——⇨ 20
❷ •————→
      100
```

答 **右向きに $20\,\mathrm{km/h}$**

地上で，ある物体を鉛直方向に投げ上げた。このとき，物体の高さ y と時刻 t の関係は，下のグラフのようになった。

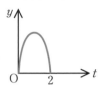

(1) 最高点の高さはいくらか。重力加速度の大きさを 9.8 m/s^2 とする。

(2) この運動の v–t グラフと a–t グラフをかけ。ただし鉛直上向きを正とする。

(3) 火星上の重力加速度の大きさはおよそ 3.7 m/s^2 である。火星上で，同じ物体を，同じ初速度で鉛直方向に投げ上げたとき，その運動を表すグラフを次の中から1つ選べ。y 軸の目盛りは同じものとする。

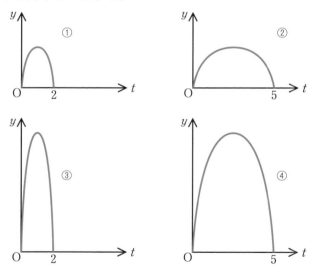

（2006年度センター試験本試　改）

(1) 鉛直投げ上げの位置の式と速度の式を作ると,

$$\boxed{距離の式} \quad y=\frac{1}{2}(-9.8)t^2+v_0t+0=-4.9t^2+v_0t$$

$$\boxed{速度の式} \quad v=-9.8t+v_0$$

となります。最高点ではボールは折り返しが起こるため，速度が $0\,\mathrm{m/s}$ となります。「鉛直投げ上げの対称性」から，上の図のように最高点の時間は，2秒（物体がふたたび落ちてくる時間）の半分，1秒になることがわかります。このことから速度の式に，最高点の条件である $v=0$，$t=1$ を代入すると v_0 は,

$$0=-9.8\times1+v_0\times1$$

$$v_0=9.8$$

最高点に達する時間 $t=1$ と $v_0=9.8$ を距離の式に代入すると，最高点の高さは,

$$y=-4.9\times1^2+9.8\times1=4.9\,〔\mathrm{m}〕 \quad ⓐ$$

(2) $v\text{-}t$ グラフは，初速度（切片）が 9.8 で，加速度（傾き）が -9.8 なので，次のようになります。

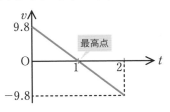

ⓐ

$a\text{-}t$ グラフは左下のグラフのように折り返し地点で変化すると思う人が多いですが，落下運動は常に鉛直下向きに $9.8\,\mathrm{m/s^2}$ なので，右下のグラフのようにずっと -9.8 となるグラフが正解です。

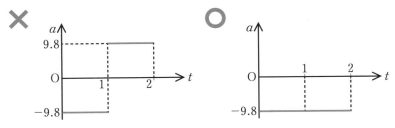

(3) この問題は計算しなくても解けます！　重力加速度が地球の半

分以下になった火星で，地球と同じ初速度 $9.8\,\mathrm{m/s}$ で物体を投げ上げた場合をイメージしてみましょう。

　地球上の物体は重力に引かれて，加速度 $9.8\,\mathrm{m/s^2}$ で下に落ちていきます。火星では地球よりも重力が小さいので，地球よりも地面に落ちてくる時間はおのずと長くなります（第1条件）。また，最高点に到達するまでの時間も長くなります。その間ずっと物体は上方に移動していくので，地球よりも最高点は高くなります（第2条件）。2つの条件を満たしているのは④のグラフです。

④　答

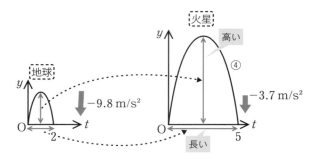

過去問にチャレンジ

　次の文章中の空欄 **ア**・**イ** に入れる数値の組合せとして最も適当なものを，次ページの①～⑧のうちから一つ選べ。

　図1のように，隣りあって平行に敷かれた線路上を，2台の電車（電車 A と B）が，反対向きに等速直線運動をしながらすれちがう。電車 A と B の長さは，それぞれ，$50\,\mathrm{m}$ と $100\,\mathrm{m}$ であり，電車 A と B の速さは，それぞれ，$10\,\mathrm{m/s}$ と $15\,\mathrm{m/s}$ である。電車 A に対する電車 B の相対速度の大きさは **ア** $\mathrm{m/s}$ である。また，電車 A の先頭座席に座っている乗客の真横に，電車 B の先頭が来てから電車 B の最後尾が来るまでに要する時間は **イ** s である。

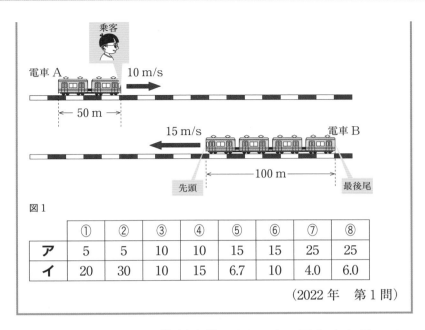

図1

	①	②	③	④	⑤	⑥	⑦	⑧
ア	5	5	10	10	15	15	25	25
イ	20	30	10	15	6.7	10	4.0	6.0

（2022 年　第 1 問）

　相対速度の 3 ステップ解法を使いましょう。電車 A に乗っている乗客を私，電車 B をあなたとします。

ステップ ①　私のベクトルをかく

ステップ ②　あなたのベクトルをかく

ステップ ③　私からあなたへ〜♪

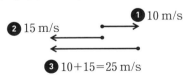

　このように，乗客からすれば電車 B が 25 m/s で近づいてくるように見えます。また次の図のように電車 B が乗客の前を通り過ぎる時間は，電車 A に乗った立場で考えて，相対速度を使うと，25 m/s の速さで電車 B が乗客に近づいてきて，その後 100 m 進むと通過

をすることになるので，

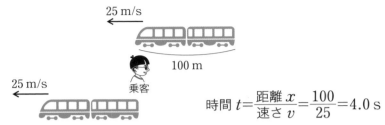

$$時間\ t=\frac{距離\ x}{速さ\ v}=\frac{100}{25}=4.0\ \text{s}$$

となります。なお，電車 A の長さは全く関係ありません。

答え ⑦

過去問 にチャレンジ

　小球の運動についての後の問いに答えよ。ただし，空気抵抗は無視できるものとする。

　図 1 は，ある初速度で水平右向きに投射された小球を，0.1 s の時間間隔で撮影した写真である。壁には目盛り間隔 0.1 m のものさしが水平な向きと鉛直な向きに固定されている。

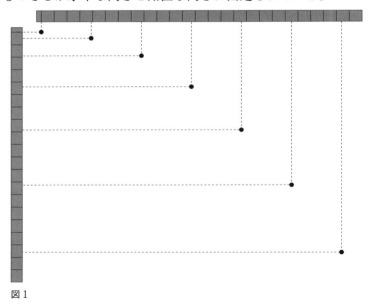

図 1

問1 水平に投射されてからの小球の水平方向の位置の測定値を，右向きを正として 0.1 s ごとに表 1 に記録した。表 1 の空欄に入れる，時刻 0.3 s における測定値として最も適当なものを，後の①〜⑤のうちから一つ選べ。

表1

時刻〔s〕	0	0.1	0.2	0.3	0.4	0.5
位置〔m〕	0	0.39	0.78		1.56	1.95

① 0.39 ② 0.78 ③ 0.97 ④ 1.17 ⑤ 1.37

問2 鉛直方向の運動だけを考えよう。このとき，小球の鉛直下向きの速さ v と時刻 t の関係を表すグラフとして最も適当なものを，次の①〜④のうちから一つ選べ。

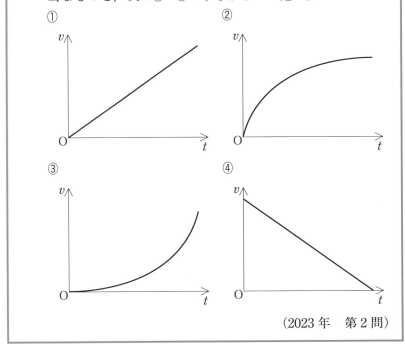

① ② ③ ④

(2023年　第2問)

問1 この運動は水平投射という落下運動です。規則性を見ていきましょう。表を見ると 0.1 秒ごとに 0.39 ずつ増えていることがわかります。これはボールが 0.1 秒ごとに x 軸の方向に動いた距離，

つまり速さを示しています（単位を書くとすれば m/0.1 s）。等速直線運動をしていることに気がつきますね。空欄は一つ前の 0.2 秒の値に 0.39 を足して，0.78＋0.39＝1.17 と考えられます。

時刻〔s〕	0	0.1	0.2	0.3	0.4	0.5
位置〔m〕	0	0.39	0.78		1.56	1.95

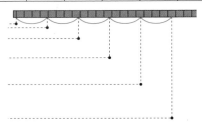

答え ▶ ④

問2　速さとはある時間に進む距離のことを示します。x 軸と同じように y 軸の間隔を見ていくと少しずつ速さが増えていることがわかりますね。またその増え方は落下運動なので，一定で重力加速度 $9.8\,\mathrm{m/s^2}$ の割合で増えていくのでしたね（等加速度運動）。$v\text{-}t$ グラフの傾きは 9.8 で一定です。

答え ▶ ①

COLUMN　有効数字について

　例えば，次のような問題が出題されたとします。

 ある物体が，30.0 秒間で 5000.0 m 動いた。このときの速さを求めなさい。

　普通に計算をすると，5000÷30＝166.666〔m/s〕となります。でもどこまで数字を使えばいいのでしょうか。物理で出てくる数字は測定機器を使って得た数字であり，信頼できる桁数に違いがあります。この場合 5000.0 は信頼できる数字が 5 個，30.0 は信頼できる数字が 3 個という意味があり，これを有効数字といいます。また掛け算や割り算をした場合は，使用した数字の有効数字の桁数のもっとも小さいものに合わせるというルールがあります。

　計算に使った数字は，30.0（有効数字 3 桁）と 5000.0（有効数字 5 桁）。よって，計算結果は 4 桁目を四捨五入して，3 桁にして答えます。

　　　166.6　→　167〔m/s〕

　このように，有効数字の桁数が異なる数字を掛けたり割ったりする場合には，桁数が最も精度の悪いものに合わせて，1 つ下の桁を四捨五入して答えを出します。

　最後に累乗表記をしてみましょう。例えば 1670 と答えが出てきて，それを表すときに

　　　有効数字が 2 桁の場合　$1.7×10^3$〔m/s〕
　　　有効数字が 3 桁の場合　$1.67×10^3$〔m/s〕

　このように有効数字 2 桁なら，○.○×$10^□$，3 桁なら，○.○○×$10^△$ として表記します。

SECTION

1

力学

4 運動方程式

ここできめる！

📖 $ma=F$ の右辺には合力（残った力）を入れよう。
📖 力を見つけるコツは，「重力＋触れてはたらく力」
📖 力と運動の 3 ステップ解法をマスターしよう！

1 運動方程式とその使い方

　科学者のニュートンは，力（$\overset{フォース}{F}$）を次のように定義しました。この式を運動方程式といいます。

> **POINT** **運動方程式**
> $ma=F$〔N〕
> （質量×加速度＝力）

　この式は，物体に力 F を加えると，物体は加速すること，また物体の質量が大きいと加速しにくいということを示しています。単位は N（ニュートン）を使います。$100\,\mathrm{g}$ の物体を持ったときの感覚がおよそ $1\,\mathrm{N}$ です。

　身近なものだとスマートフォンはだいたい $150\,\mathrm{g}$ だから，これが $1.5\,\mathrm{N}$ か！

　運動方程式の使い方について見ていきましょう。机の上に置かれた質量 $2\,\mathrm{kg}$ のボールに糸をつけて，右方向に $6\,\mathrm{N}$ の力で引いたとします。このときの物体の加速度を求めてみましょう。

この式を解くと，加速度 a は $3\,\mathrm{m/s^2}$ になります。動く方向は，力を加えた右方向ですよね。次に同じ $2\,\mathrm{kg}$ の物体を左側に $8\,\mathrm{N}$，右側に $3\,\mathrm{N}$ の力で，引くとどうなるでしょうか。

複数の力がはたらいているときには，力を 1 つにまとめてから，運動方程式 $ma=F$ に代入していきます。今回の場合だと，左向きに残る力は $8-3=5\,\mathrm{N}$ であることがわかりますね。加速度の大きさは運動方程式より，

$$\boxed{ma}=\boxed{残った力}$$

$a=2.5$ なので，加速度は左向きに $2.5\,\mathrm{m/s^2}$ となります。このように複数の力をまとめた力を，**合力**といいます。運動方程式の F には合力（残った力）を入れる，これが運動方程式の使いかたです。

2 運動方程式と力のつり合い

日常生活では物体に力がはたらいているのに，その物体が加速していない場合（$a=0$）もあります。この場合の残った力を運動方程式から計算すると，残った力 $=0$ となります。

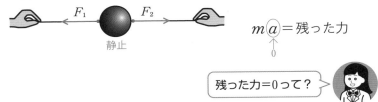

これは力 F_1 と F_2 は同じ大きさで向きが逆である（力が残らない）ことを示しています。これを**力のつり合い**といいます。

　力のつり合いを使うと未知の力の大きさを考えることができます。例えば床の上で静止をしている人にはたらく力をかいてみると，「重力」と「床が人を押す力（**垂直抗力**）」の2つです。

重力
500 N　　　垂直抗力
　　　　　　500 N

　この人の重力（重さ）が例えば500 N であることがわかっていたとします。すると，力のつり合いから，垂直抗力は500 N とわかります。もし垂直抗力がそれよりも小さければ，人は重力によって地面に沈んでいく（下方向に加速する）からです。

3　慣性の法則

　加速度が $0\,\mathrm{m/s^2}$ の状態は，実は静止だけではありません。等速直線運動も加速度は 0 なので，力はつり合っています。

　例えば，手から離れた後のカーリングのストーンについていえば，摩擦力が小さく速度がほぼ変化しないので，この物体にはたらく力は鉛直方向でつり合っており，水平方向では力自体がほとんどはたらいていません（小さな空気抵抗力や摩擦力はある）。

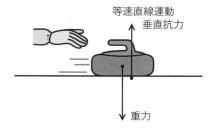

等速直線運動
垂直抗力

重力

4

運動方程式

なるほど。物体が動いているからといって，合力
があるとはかぎらないんだね。

　動いている状態が等速直線運動なのか等加速度運動なのかをよく
見て，力のつり合いを使うのか，運動方程式を使うのか，判断する
ことが大切です。なお静止は，速度が $0\,\mathrm{m/s}$ の等速直線運動と考え
ることができますね。

　物体に力が残らない，またははたらかない場合，物体は今ある運
動状態（静止していれば静止，$2\,\mathrm{m/s}$ で動いているなら $2\,\mathrm{m/s}$）を
保とうとします。このような性質を**慣性**といい，全ての物体が慣性
をもつことを，**慣性の法則**といいます。

4 　作用・反作用の法則

　黒板を叩いたときをイメージしてください。次の図の左側のよう
に，叩かれた黒板は右向きに $F_{黒板}$ という力を受けます。黒板はダ
メージを受けるわけですね。ここで立場を変えて，叩いた人の気持
ちになってみましょう。黒板を叩いたとき，実は手が痛くなります
よね。叩いた人は，黒板から逆向きに $F_{ヒト}$ という力を受けます。

エイヤ!!

ヒト　　　　黒板

イテテッ

ヒト　　　　黒板

黒板の立場
黒板がヒトから受ける力 $F_{黒板}$

ヒトの立場
ヒトが黒板から受ける力 $F_{ヒト}$

$F_{黒板}$ を作用力とすると，$F_{ヒト}$ を反作用力といいます。すべての力は，同じ大きさで向きが逆の，作用力と反作用力がセットで存在しています。また作用力と反作用力の大きさは，つねに等しくなることが知られています。これを**作用・反作用の法則**といいます。力のつり合いは，注目する1つの物体において成り立っていることですが，作用・反作用の関係は「自分と相手」など，異なる2つの物体の間で起こっているという点に注意しましょう。つまり作用力と反作用力が打ち消し合って，0となっているわけではありません。

科学者のニュートンは，運動について3つの法則についてまとめます。慣性の法則を運動の第1法則，運動方程式のことを運動の第2法則といいます。そして運動の第3法則が作用・反作用の法則です。

5 力の種類

力学に登場する力について，ざっとまとめておきます。運動方程式を使いこなすためには，力をもれなく見つけて，書き出すことが大切です。力は大きく分けると「遠くからはたらく力」と「触れてはたらく力」の2種類の力に分けることができます。

①遠くからはたらく力

〇重力

すべての物体は重力加速度 g という加速度で落下していきます。質量 m のものを加速度 g で動かすためには，運動方程式から，$F=ma=mg$ の力が必要になります。これが重力の公式です。重力は物体の中心（重心）を始点にして伸ばしましょう。

> **POINT** **重力の公式**
>
> $W = mg$ 〔N〕
> （重力〈重さ〉＝質量×重力加速度）

　なお，物理では「重さ」という言葉は，重力 W のことを示し，質量 m と使い分けています。例えば，月では重力加速度が地球の $\dfrac{1}{6}$ の大きさになります。このため重さが軽くなります。ただし，質量は変わりません。

$$W \quad = \quad m \quad \times \quad g$$
重力(重さ)　　質量　　　　重力加速度
　　　　　　　　↑　　　　　　↑
　　　　　　変化しない　　場所によって変化

　遠くからはたらく不思議な力にはそのほか，静電気力や磁力などがあります。これらの力も物体の中心から矢印を伸ばします。

②触れてはたらく力

　以下，一般的な力はすべて物体の周りを始点とします。

○垂直抗力 N 　　　面（床など）が物体を垂直方向に押す力
○張力 T 　　　　　糸が物体を引く力

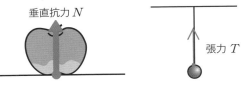

垂直抗力 N　　　　　　　　　　　　　　張力 T

○ばねの力（弾性力）

　ばねに何も力を加えていないときの，ばねの長さを**自然の長さ**（**自然長**）といいます。ばねを引っ張ると，ばねは引っ張り返してきます。逆にばねを押し込むと，ばねは押し返してきます。このとき，ばねの力は次の式で表されます。

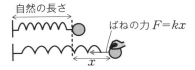

自然の長さ　　　　　　ばねの力 $F = kx$

x

ばねの力の式

$F=kx$〔N〕

（ばねの力＝ばね定数×ばねの伸び〈または縮み〉）

k を**ばね定数**といい，太いばね，細いばねなど，ばねの種類によって異なります。x はばねの伸び（または縮み）を示します。

○摩擦力 f

机などの重い物体を引きずって動かそうとすると，摩擦力のために動かしにくいですね。摩擦力はこのように物体の運動を止めようとする方向にはたらきます。摩擦力の詳しい性質については，後ほど説明します。ほかにも，浮力や空気抵抗力などがあります。

 (1) 質量 50 kg の物体の上部に糸をつけて，上向きに 200 N の力で引っ張っている。この静止している物体にはたらく力をすべて図の中にかき，その力の大きさも記入しなさい。ただし，重力加速度は 10 m/s² とする。

静止

(2) 物体 A・B にはたらく力とその大きさをすべてかき，作用力・反作用力の力のペアを探しなさい。ただし，重力加速度は 10 m/s² とする。

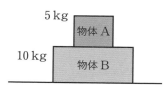

5 kg　物体 A

10 kg　物体 B

(3) 次の台車の加速度の大きさを求めなさい。

(4) 質量が 0.50 kg の物体に糸をつけて，鉛直上向きに 6.0 N の力で引っ張ると，この物体は加速し始めました。このときの加速度 a の大きさを求めなさい。重力加速度を $9.8\,\mathrm{m/s^2}$ とする。

(5) 重さ 2.0 N の物体に糸をつけ，天井からつるしました。このときの糸の張力 T の大きさを求めなさい。

(1) まずは力を見つけていきます。力を見つけるときには，次の 3 ステップ解法を使いましょう。

POINT **力の見つけかたの 3 ステップ**

ステップ **1** 顔をかいて，注目する物体になりきる

ステップ **2** 重力をかく

ステップ **3** 触れてはたらく力をかく

ステップ **1** 顔をかいて，注目する物体になりきる

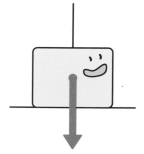

重力はどの物体にもはたらくので，先にかいておきましょう。

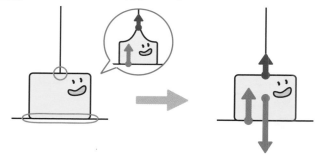

　物体に触れているところは，「床面」と「頭の糸」ですね。この部分から力がはたらきます。想像してください。あなたは廊下に立たされていて，さらに頭を引っ張られています。足は床から<u>上向きに押されて</u>痛い。また，頭は上に伸びる，つまり<u>上向きに引っ</u>張られます。

　重力 W の大きさを，「重力の公式（重力＝質量×重力加速度）」にあてはめて，計算しておきましょう。

$$W=mg$$
$$=50×10=500 〔\text{N}〕$$

　問題文から張力 T が $200\,\text{N}$ であることがわかります。残った垂直抗力 N の大きさは，直接的にはわかりませんが，この物体は静止をしているので，力がつり合っているはずです。力のつり合

いから N を求めましょう。

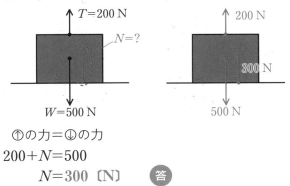

①の力＝①の力

$200+N=500$

$N=300$ 〔N〕 答

(2) まず「力の見つけかたの3ステップ」で，物体Aにはたらく力をすべて見つけます。

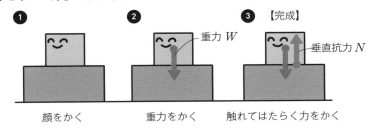

❶ 顔をかく ❷ 重力をかく ❸【完成】触れてはたらく力をかく

物体にはたらく重力を計算すると $W=mg$ より，$5×10=50$ N であることがわかります。垂直抗力は力のつり合いから

①の力＝①の力

$N=50$ 〔N〕

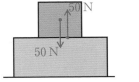

答

物体Bについても同様に，「力の見つけかたの3ステップ」で，力をすべて見つけます。

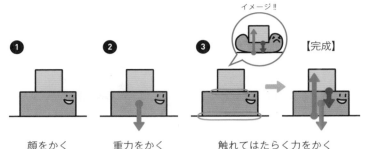

顔をかく　　　　重力をかく　　　触れてはたらく力をかく

物体にはたらく重力は，$W=mg$ より，$10×10=100$ N です。次に上の物体から押される力は，上の物体の重力と同じ 50 N です。最後に垂直抗力です。力のつり合いから求めましょう。

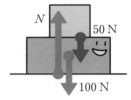

　㋐の力＝㋑の力
　　　$N=100+50=150$〔N〕

よって，垂直抗力 N は 150 N であるということがわかります。

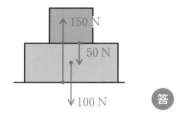

答

　作用・反作用のペアですが，作用・反作用は立場を変えることによって見えてくる力です。物体 A にはたらく垂直抗力は言い換えれば「物体 B が物体 A を押す力 f_{BA}」です。また物体 B にはたらく青色の力は「物体 A が物体 B を押す力 f_{AB}」です。これが作用・反作用のペアです。

　作用・反作用のペアは関連しあっています。例えば物体 A をかるく手で持ち上げると垂直抗力である f_{BA} は消えます。同時に f_{AB} も物体 B から離れるのでなくなります。

(3)　力が 2 つはたらいているので，足し合わせて残った力を求めます。左に 6 N 残ることがわかりますね（10－4.0＝6）。これを「運動方程式」に代入します。

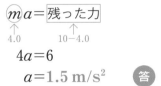

$$4a = 6$$
$$a = 1.5 \text{ m/s}^2 \quad \boxed{答}$$

(4)　実際の試験問題では，「ma＝残った力」で解くのか，「力のつり合い」で解くのかは自分で判断をします。次の 3 ステップ解法で解いていきましょう。この流れが特に大切です。頭によく入れておいてください。

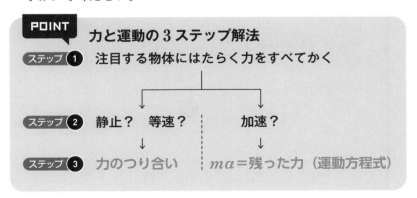

ステップ **❶** 　**注目する物体にはたらく力をすべてかく**

「力の見つけかたの 3 ステップ」で，力を見つけましょう。

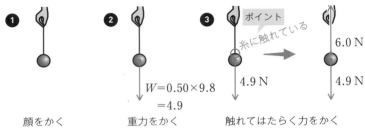

❶ 顔をかく

❷ 重力をかく
$W=0.50×9.8$
$=4.9$

❸ ポイント
糸に触れている
触れてはたらく力をかく

ステップ **❷** 　**静止？　等速？　なのか　加速？　なのか！**

問題文を読むと，<u>加速している</u>ことがわかります。

ステップ **❸** 　$ma=$残った力　**に代入する**

　ステップ 1 で調べた力を合成すると，残った力は上向きに $1.1\,\mathrm{N}$ （$6.0-4.9=1.1$）ですね。つまり，物体は上に加速しているとわかります。

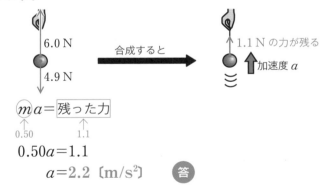

合成すると

$1.1\,\mathrm{N}$ の力が残る
加速度 a

$6.0\,\mathrm{N}$
$4.9\,\mathrm{N}$

$\underset{0.50}{m}a=\boxed{残った力}_{1.1}$

$0.50a=1.1$

$a=2.2\,\mathrm{(m/s^2)}$　答

(5) 力と運動の 3 ステップ解法を使います。

ステップ 1　注目する物体にはたらく力をすべてかく

「力の見つけかたの 3 ステップ」で, 力を見つけましょう。

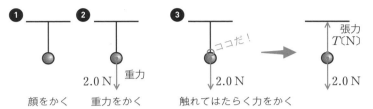

❶ 顔をかく　❷ 重力をかく　❸ 触れてはたらく力をかく

質量に 9.8 をかけると重さになりますが, 今回は「重さが 2.0 N」と書かれているので, そのまま使います。

ステップ 2　静止?　等速?　なのか　加速?　なのか!

問題文を読むと, 物体は「静止」していることがわかりますね。

ステップ 3　静止しているので「力のつり合い」を使う

上下の力が同じなので, 張力も 2.0 N となります。

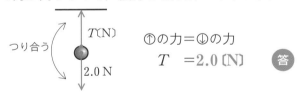

⑦の力＝⑨の力
T ＝2.0 〔N〕　**答**

過 去 問 にチャレンジ

図 1 のように, 床の上に直方体の木片が置かれ, その木片の上にりんごが置かれている。木片には, 地球からの重力, 床からの力, りんごからの力がはたらいている。木片にはたらくすべての力を表す図として最も適当なものを, 次ページの①〜④のうちから一つ選べ。

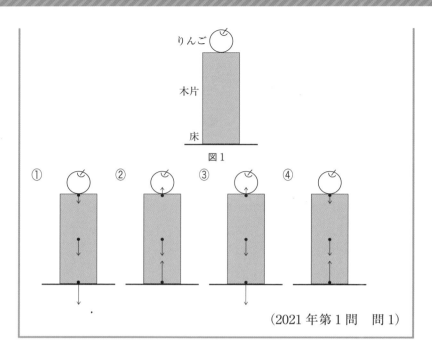

りんご

木片

床

図1

① ② ③ ④

（2021年第1問　問1）

　「力の見つけ方の3ステップ解法」を使って考えると，すぐに答えがわかりますね。これはよく見るとp.64の物体Bと同じ状態になっていますね。

答え ④

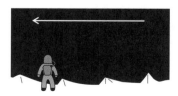

過去問にチャレンジ

図1

　図1のように，大気のない惑星にいる宇宙飛行士の上空を，宇宙船が水平左向きに等速直線運動して通過していく。一定の時間間隔をあけて次々と物資が宇宙船から静かに切り離され，

落下した。このとき宇宙船は，等速直線運動をするためにロケットエンジンから燃焼ガスを

- ① 水平右向きに噴射していた。
- ② 斜め右下向きに噴射していた。
- ③ 鉛直下向きに噴射していた。
- ④ 噴射していなかった。

（大学入学共通テスト試行調査　改）

　宇宙船は空を飛んでいます。「力の見つけ方の 3 ステップ解法」より，宇宙船が出している力以外の力をまずはみつけていきましょう。大気がなく空気抵抗もなければ，宇宙船にはたらく力は惑星の重力のみです。

重力

　この宇宙船が等速直線運動をしているということは，宇宙船にはたらく力がつり合っている（力が残らない）はずなので，重力と反対向きの上向きで，同じ大きさの力が必要です。そのため鉛直下向きに燃料ガスを噴出し，そのガスを噴出したときの反作用力で上向きの力を出しています。

答え　③

反作用力
（燃料ガスが宇宙船を押す力）

重力

燃料ガス

　宇宙船が左に動いているので，直感的には左向きに力が必要と感じるかもしれませんが，空気抵抗がなければ，等速で動く宇宙船に

は左向きの力は必要ありません。なお，もしこの状態で左向きの力がはたらくと，宇宙船は等速直線運動ができずに，左向きに加速してしまいます。

過|去|問 にチャレンジ

　図1のように，質量 m のおもりに糸を付けて手でつるした。時刻 $t=0$ でおもりは静止していた。おもりが糸から受ける力を F とする。鉛直上向きを正として，F が図2のように時間変化したとき，おもりはどのような運動をするか。$0<t<t_1$ の区間1，$t_1<t<t_2$ の区間2，$t_2<t$ の区間3の各区間において，運動のようすを表した次ページの文の組合せとして最も適当なものを，次ページの①〜⑦のうちから一つ選べ。ただし，重力加速度の大きさを g とし，空気抵抗は無視できるものとする。

F

m

図1

4

運動方程式

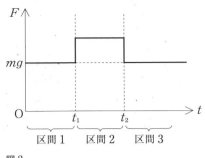

図2

a　静止している。

b　一定の速さで鉛直方向に上昇している。

c　一定の加速度で速さが増加しながら鉛直方向に上昇している。

d　一定の加速度で速さが減少しながら鉛直方向に上昇している。

	区間1	区間2	区間3
①	a	b	a
②	a	b	d
③	a	c	a
④	a	c	b
⑤	b	c	a
⑥	b	c	b
⑦	b	c	d

（2022年第2問　問2）

区間1

　この物体には下向きに重力 mg がはたらいており，図2より区間1では張力 F は上向きに mg の大きさになっています。力はつり合っており，そのため物体がはじめにしていた運動状態を保ちます（慣性の法則）。問題文から $t=0$ のとき静止していたと書かれているので，静止となります（選択肢a）。

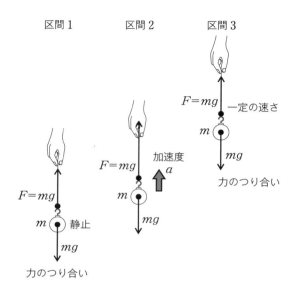

区間1　区間2　区間3

$F=mg$　一定の速さ

m

mg

力のつり合い

$F=mg$　加速度 a

m

mg

$F=mg$

m　静止

mg

力のつり合い

区間 2

　張力を上向きに mg 以上加えているので，物体にはたらく力は上向きに残ります。このため物体はある加速度で上向きに動き始め，この区間では速さがどんどん大きくなっていきます（選択肢 c）。

区間 3

　区間1と同様に力はつり合っており，そのため物体がはじめにしていた運動状態を保ちます。区間1とは違い区間2で上向きの速度をすでに持った状態からのスタートなので，区間3では同じスピードで鉛直方向に上昇していきます（選択肢 b）。

答え ④

　$v\text{-}t$ グラフと $x\text{-}t$ グラフをかくと，その概形（おおまかな形）は次のようになります。

4

運動方程式

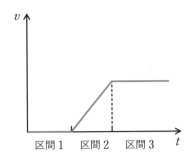

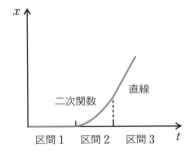

5 運動方程式の応用

ここで
きめる!

📖 斜面上の運動は，物体が加速する方向に力を分解して考えよう！

📖 摩擦力は物体の運動を見きわめて，公式を使うかどうかを判断しよう。

📖 浮力の公式では物体が沈んでいる部分の体積を使おう。

1 斜面上の運動

斜面上に物体を置くと，物体は加速を始めます。このような場合にはどのようにして運動方程式を作るとよいのでしょうか。「力の見つけかたの 3 ステップ解法」にそって，まずは力を見つけていきましょう。

① 顔をかく
② 重力をかく
③ 触れている力をかく

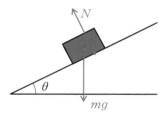

斜面方向には力がないのに，なぜすべって落ちていくのだろう。

これを理解するために，力の分解について見てみましょう。速度や，加速度など矢印で表されるもの（これをベクトル量といいましたね）は，平行四辺形を作って合成したり，分解したりすることができます（**平行四辺形の法則**）。力は次の 3 ステップ解法で分解することができます。

> **POINT** 力の分解の3ステップ
> **ステップ①** x 軸と y 軸を引く
> **ステップ②** 矢印が対角線になるように長方形を作る
> **ステップ③** 2本の矢印に分解する

ステップ① x 軸と y 軸を引く

斜面においた物体は，斜面の面上をすべり落ちていくはずです。この斜面方向の力を見つけたい！　これが目的です。ですから，斜面と平行方向に x 軸をのばします。そして，x 軸と直交するように y 軸をつけ加えましょう。

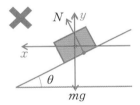
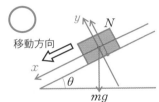

ステップ② 矢印が対角線になるように長方形を作る

垂直抗力 N は，y 軸の方向を向いているので分解できません。2つの軸に対して斜めになっているのは重力 mg です。よって重力を分解していきますよ。重力が対角線となるように，平行四辺形（今回は長方形）をかきます。

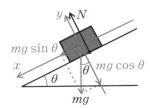
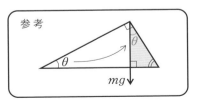

次に大きさについてです。全体の大きい直角三角形と，ピンクの小さい直角三角形の相似により，斜面の傾斜角 θ を移動していま

す。また三角関数（サインとコサイン）を使うと，斜辺の長さ a を使ってそれぞれの辺の長さを表すことができます。

　これらのことから，斜面垂直方向の重力の大きさは $mg \cos \theta$，斜面方向の重力の大きさは $mg \sin \theta$ となります。次に x 軸，y 軸方向別々に見ていきましょう。

y 軸方向

　物体は x 軸方向の斜面の上をすべっていきますが，斜面上をふわっと浮いたり，斜面を壊して沈み込んだりしていません。つまり y 軸方向には物体は動いていません。よって，このとき作るのは力のつり合いの式です。

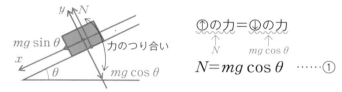

①の力＝①の力
　↑　　　↑
　N　$mg \cos \theta$

$N = mg \cos \theta$ ……①

x 軸方向

　$mg \sin \theta$ という力が残っていることがわかります。この力が残っているので，物体は加速しています。

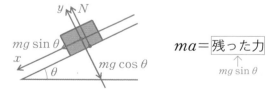

$ma = \boxed{残った力}$
　　　↑
　$mg \sin \theta$

　運動方程式を加速度 a について解くと

　　　$a = g \sin \theta$ ……②

となります。加速度と斜面の角度の関係について，求めることができました！　ちなみに $\sin$ は次の表のようになっていますから，角度 θ が $0°\sim90°$ の間では，斜面の傾き θ が大きいほど，$\sin \theta$ の値

が大きくなり，加速度 a が大きくなっていくことがわかりますね。

θ	0°	30°	45°	60°	90°
$\sin\theta$	0	$\dfrac{1}{2}$	$\dfrac{1}{\sqrt{2}}$	$\dfrac{\sqrt{3}}{2}$	1
$\cos\theta$	1	$\dfrac{\sqrt{3}}{2}$	$\dfrac{1}{\sqrt{2}}$	$\dfrac{1}{2}$	0

　また斜面が 90° のときは，$\sin 90° = 1$ で，$a = g$ となるので，これは落下運動の加速度となることを示します。

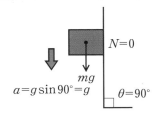

$N=0$
mg
$a=g\sin 90°=g$
$\theta=90°$

2　摩擦力は 2 つの種類がある

「大きなカブ」という童話を知っていますか？　その童話をもとにして，摩擦力の不思議について 4 コママンガを作ってみました。もちろん物理のお話ですよ。

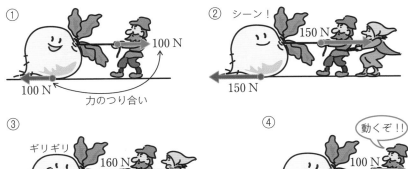

① 100 N　100 N　力のつり合い

② シーン！　150 N　150 N

③ ギリギリ　160 N　160 N

④ 動くぞ!!　100 N　90 N

① おじいさんがカブを引っ張りましたが、カブは動きません。

② 「うんとこしょ、どっこいしょ」まだまだカブは動きません。

③ **カブはそろそろ限界に近づいてきました**。あとちょっとで動きそうです！

④ やっとこさ、カブは動き始めました。あれ？　おじいさん一人でも動かせるぞ？

　①〜③コマ目のような摩擦力を**静止摩擦力 f** といいます。静止摩擦力は状況によって、① 100 N、② 150 N、③ 160 N などと変化します。また③コマ目のように、物体が動き出す直前の静止摩擦力のことを**最大摩擦力 f_{max}** といいます。最大摩擦力の大きさは、次の式で表されます。

> **POINT　最大摩擦力の公式**
>
> $f_{max} = \mu N \,\text{〔N〕}$
> （最大摩擦力＝静止摩擦係数×垂直抗力）

　最大摩擦力は、物体と地面の密着度合い（垂直抗力 N）や、地面のザラザラ度（μ：静止摩擦係数）と関係しており、場合によって異なります。

摩擦係数のイメージ

木や
コンクリート　　　　　　　　　　カーペット

最大摩擦力　　　　　　　　　　最大摩擦力

「μ」は「ミュー」と読む。ギリシャ文字が出てくる場合もあるんだね。

　そして最大摩擦力よりも少しでも大きな力が加われば、カブは動き始めます。動いているときにはたらく摩擦力を**動摩擦力 f'** とい

います。動摩擦力 f' は，動き出す直前の最大摩擦力 $f_{\max}$ よりも小さいという特徴があるため，④コマ目のように，動き出しさえすればおじいさん一人でも動かし続けることができます。動摩擦力 f' の大きさは，物体と地面の密着度合い（垂直抗力 N）や，地面のザラザラ度（μ'：動摩擦係数）と関係しており，次の式で表されます。

> **POINT** 動摩擦力の公式
>
> $f' = \mu' N$〔N〕
> （動摩擦力＝動摩擦係数×垂直抗力）

最大摩擦力と同じ公式じゃない！？

$f_{\max}$ と f' の違いは，摩擦係数の大きさの違いにあります。必ず $\mu > \mu'$ という関係にあり，最大摩擦力よりも動摩擦力は小さくなります。また不思議なことですが，動いていれば，**どんな運動をしていてもつねに同じ値になる**ことが経験的にわかっています。

まとめると，摩擦力の大きさを縦軸に，加える力を横軸にとると，次のグラフになります。

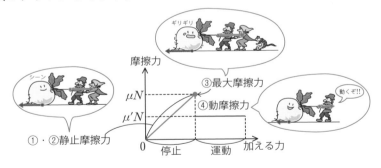

静止摩擦力はその時々で変化すること，動摩擦力は一定で，最大摩擦力よりも小さいことが大切だね！

3 水の中の物体には浮力がはたらく

　浮力は水の中ではたらく力です。浮力を知るためには水圧や水の密度について知る必要があります。水圧の圧は「圧力」のことを指します。圧力は，「1 m² あたりに加わる力」のことをいい，次の式で定義されています。

> **POINT** **圧力の公式**
>
> $$P = \frac{F}{S} \text{〔Pa〕 または 〔N/m}^2\text{〕}$$
>
> $$\left(圧力 = \frac{力}{面積}\right)$$

　圧力の単位は，組立単位で N/m^2 または Pa（パスカル）を使います。圧力と力は単位が異なるので，通常の力とそのまま足し算をすることはできないため注意が必要です。なお大気による圧力を気圧または大気圧といいます。私たちの頭の上に空気が乗っているので，その空気が私たちを押してきます。地上は約 1000 hPa です。h（ヘクト）は 100（ハンドレッド）を表しており，1000 hPa＝1000×100 Pa＝100000 Pa という意味です。

> 山の上にいくと気圧が小さくなるのは，乗っている空気の量が少なくなるからなんだね。

　また実際には気圧や水圧は上方向からだけではなく，さまざまな方向からはたらきます。水圧も気圧もほぼ同じ原因で発生していま

す。水の中にもぐると，頭の上にその深さに応じて，水分子がのっていることになります。気圧と同じように，上にのっている水はその重力で頭を押しつぶそうとします。これが水による圧力，つまり水圧です。水圧は次の式で表されます。

水が
のっている

SECTION

1

力学

POINT 水圧の公式

$P_水 = \rho_水 hg$ 〔Pa〕
（水圧＝水の密度×深さ×重力加速度）

なお ρ はローと読み，$\rho_水$は水の密度 $1000 \, \mathrm{kg/m^3}$ です。また水圧には次のような性質があります。

POINT 水圧の性質

1 水圧は深さに比例して大きくなる
2 水圧は気圧と同じように，
　さまざまな方向からはたらく

浅い → 水圧

深い → 水圧

　それでは浮力について説明しましょう。たとえば，ある物体を水に沈めた場合を考えてみます。物体のまわりには，上下左右，様々な方向から水圧が加わり，物体を押しつぶそうとします。

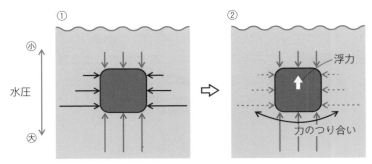

水圧は深さに比例して大きくなっていくので，図のように上の面にはたらく水圧よりも下の面にはたらく水圧の方が大きくなり，横向きにはたらく水圧は，深さとともに大きくなっていきます。これらの力を合成してみると，左右の水圧は打ち消し合いますが，上下の水圧は，下の水圧のほうが大きいために，上向きに力が残ってしまいます。物体にはたらく水圧による力をすべて足し合わせたときに残った力，これが浮力だったのです。浮力は次の式で表されます。

2つの点に注意します。1つ目に水の密度 $\rho_水$ とありますが，物体自身の密度ではありません。2つ目に $V_{物体}$ とありますが，これは水の中に入っている部分の体積であるということです。

4 物体が複数ある場合

次の例題のように，物体が2つあって，相互に関係して動いている場合は，どのようにして考えればよいのでしょうか。

質量 m_1 の物体 P と，質量 m_2 の物体 Q を軽い
糸で結び，さらに物体 P に糸をもう 1 つつけ
て，図のように力 F で引っ張り上げた。

このときの物体 P および物体 Q の加速度を求めな
さい。また P–Q 間をつなぐ糸の張力 T を求めなさ
い。

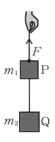

力と運動の 3 ステップ解法（p.65）で考えてみましょう。

ステップ① 注目する物体にはたらく力をすべてかく

物体 P，Q にはたらく力は，別々に絵をかいて考えていくことが
コツです！ めんどうかもしれませんが，次のように 2 つの絵を別々
にかいてください。

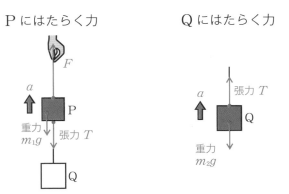

2 つの図の加速度の矢印に注目してください。物体 P も物体 Q
も，糸につけられて同じ方向に移動していくので，加速度の大きさ
は同じ a という文字でおいてあります。次に P–Q 間を結ぶ，糸の
張力について見てください。この張力も同じ文字 T を使っています
が，ピンとはった糸は，両端の張力が同じ大きさになると覚えてお
きましょう。

ステップ 2 **ステップ 3**   静止　等速→力のつり合い

　　　　　　　　　　　　加速→ $ma=$ 残った力

　ＰもＱも加速をしているので，運動方程式（$ma=$残った力）を作っていきましょう。ＰとＱで別々につくるのがポイントです。

Ｐについて

$$ma = \boxed{残った力}$$
$$\uparrow \qquad \uparrow$$
$$m_1 \qquad F-m_1g-T$$

$$m_1a=F-m_1g-T \quad \cdots\cdots①$$

Ｑについて

$$ma = \boxed{残った力}$$
$$\uparrow \qquad \uparrow$$
$$m_2 \qquad T-m_2g$$

$$m_2a=T-m_2g \quad \cdots\cdots②$$

　2つの式ができました。①と②をよく見ると，a と T が問題で問われているもので，それ以外の文字は問題文で与えられています。つまり①と②を連立させることで，問題を解くことができます。

$$m_1\widehat{a} = F - m_1g - \widehat{T} \quad \cdots\cdots①$$
$$m_2\widehat{a} = \widehat{T} - m_2g \qquad \cdots\cdots②$$

②を T について解きます。

$$T = m_2a + m_2g \quad \cdots\cdots②'$$

これを①に代入します。

$$m_1a = F - m_1g - \underbrace{(m_2a + m_2g)}_{T}$$

加速度 a について解くと

$$m_1a=F - m_1g - m_2a - m_2g$$
$$(m_1 + m_2)a=F - (m_1 + m_2)g$$

$$a = \frac{F}{m_1 + m_2} - g \quad \text{答}$$

加速度が求められました。また，この a を②′に代入して T を求めると

$$T = \frac{m_2}{m_1 + m_2} F \quad \text{答}$$

張力も求められましたね！

このように複数の物体が出てきた場合は，それぞれの物体に対して，一つずつ運動方程式や力のつり合いの式を作っていけばよいのです。

 (1) 質量 4.0 kg の物体を，傾斜角 30°のなめらかな斜面の上に置きました。この物体にはたらく垂直抗力 N と物体のもつ加速度 a をそれぞれ求めなさい。ただし，重力加速度は 10 m/s² とし，$\sqrt{2} = 1.41$，$\sqrt{3} = 1.73$ とします。

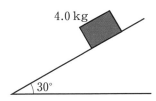

(2) 質量 5.0 kg の物体を，水平で粗い床の上に置きました。静止摩擦係数 μ を 0.80，動摩擦係数 μ' を 0.20 として，(a)～(c) の各問いに答えなさい。重力加速度は 9.8 m/s² とします。

(a) この物体にひもをつけて，右方向に 3.0 N の力で引いたところ，物体は動きませんでした。このとき，物体にはたらく摩擦力の大きさと向きを求めなさい。

(b) 物体に，水平方向の力を何 N 以上加えると，物体は動き始めますか。

(c) 物体が動いているとき，物体にはたらく摩擦力の大きさを求めなさい。

(3) 質量 80 kg の直方体があります。次の図①・②のように水中に沈めました。このとき，物体にはたらく浮力の大きさをそれぞれ求めなさい。ただし，水の密度を 1.0×10^3 kg/m^3 とし，重力加速度の大きさを 10 m/s^2 として計算します。

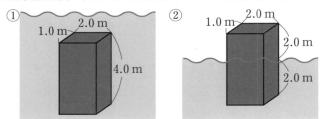

(1) 力と運動の 3 ステップ解法（p.65）を使います。

ステップ ❶　**注目する物体にはたらく力をすべてかく**

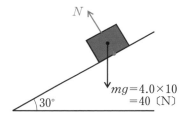

重力以外には垂直抗力がありますね。

ステップ ❷　**ステップ ❸**　**静止　等速→力のつり合い**
加速→ ma＝残った力

この物体は斜面上を運動しているので，斜面に対して斜め方向を向いている重力を分解してみましょう。「力の分解の 3 ステップ（p.75）」を使って分解してみてください。

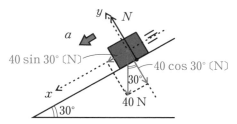

y 軸方向の力を見てみると，物体は加速していないので，力のつり合いの式を作りましょう。

y 軸方向

①上向きの力　＝　下向きの力①
　　　↑　　　　　　　　↑
　　　N　　40 cos 30°＝20√3〔N〕

$N = 20\sqrt{3}$
　　$= 20 \times 1.73 \fallingdotseq 35$〔N〕　答

次に，x 軸方向を見ると，1つの力 40 sin 30°〔N〕しかないので加速します。よって，運動方程式を作ります。

x 軸方向

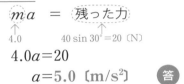

ma　＝　残った力
　↑　　　　　　↑
4.0　　40 sin 30°＝20〔N〕

$4.0a = 20$
　$a = 5.0$〔m/s²〕　答

(2)　(a)，(b)，(c)が，どの摩擦力と関係しているのかじっくり考えながら解いていきましょう。

(a)　「公式 μN を使おう！」と考えた人は，間違いです！　物体は動いていませんが，動き出す直前の状態でもありません。動いていないので力のつり合いの式を作ります。

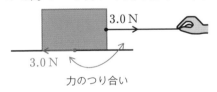

3.0 N

3.0 N

力のつり合い

(a)　**左向きに 3.0 N**　答

(b)　物体が動き始める直前の力を問われているので，最大摩擦力が問われています。公式を用いると，最大摩擦力 $f_{\max} = \mu N$ になります。

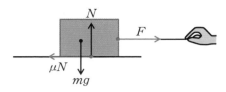

左右方向の力のつり合いの式は，

$$\mu N = F \quad \cdots\cdots ①$$

上下方向の力のつり合いの式は，

$$N = mg \quad \cdots\cdots ②$$

①の N に②の右辺を代入して，F の値を求めます。

$$F = \mu N = \mu mg = 0.80 \times 5.0 \times 9.8 = 39.2 ≒ 39 \ [\text{N}]$$

$F = 39 \ \text{N}$ 以上 　答

(c)　動き出している物体にはたらく摩擦力は動摩擦力です。「動摩擦力の公式」より，

$$F = \mu' N = \mu' mg$$
$$= 0.20 \times 5.0 \times 9.8 = 9.8 \ [\text{N}] \quad 答$$

(3)　「浮力の公式」は ρVg でしたね。V は，水に沈んでいる部分の体積を代入することに注意しましょう。

① 　　浮力 $F = \underset{\underset{1.0\times10^3}{\uparrow}}{\rho_{水}} \quad \underset{\underset{1.0\times2.0\times4.0}{\uparrow}}{V} \quad \underset{\underset{10}{\uparrow}}{g}$

$$= 8.0 \times 10^4 \ [\text{N}] \quad 答$$

② 　　浮力 $F = \underset{\underset{1.0\times10^3}{\uparrow}}{\rho_{水}} \quad \underset{\underset{1.0\times2.0\times2.0}{\uparrow}}{V} \quad \underset{\underset{10}{\uparrow}}{g}$

$$= 4.0 \times 10^4 \ [\text{N}] \quad 答$$

過 去 問 にチャレンジ

　　次の文章は，演劇部の公演の一場面を記述したものである。王女の発言は科学的に正しいが，細工師の発言は正しいとは限らないとして，後の問いに答えよ。

　　王女役と細工師役が，図1のスプーン A とスプーン B につい

ての言い争いを演じている。

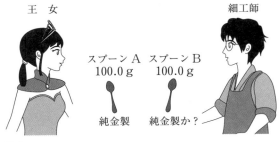

図1

王　女：ここに純金製のスプーン（スプーンA）と，あなたが
作ったスプーン（スプーンB）があります。どちらも
質量は100.0 gですが，色が少し異なっているように
見え，スプーンBは純金に銀が混ぜられているという
噂があります。

細工師：いえいえ，スプーンBは純金製です。純金製ではない
という証拠を見せてください。

　王女は，スプーンBが純金製か，銀が混ぜられたものかを判
別するために，スプーンAとBの物理的な性質を実験で調べる
ことにした。

問　次の文章中の空欄　1　～　3　に入れる語句として最も
適当なものを，それぞれの直後の｛　｝で囲んだ選択肢のう
ちから一つずつ選べ。

　　王　女：スプーンAとスプーンBの密度を比較すれば，ス
プーンBが純金製かどうかわかるはずです。

　スプーンAとスプーンBを軽くて細いひもでつなぎ，軽く
てなめらかに回転できる滑車にかけると，空気中では，図2
(i)のようにつりあって静止した。次に，このままゆっくりと
スプーンAとスプーンBを水中に入れたところ，図2(ii)のよ
うに，スプーンAが下がり容器の底についた。ただし，空気
による浮力は無視できるものとする。

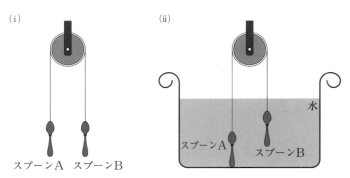

（ⅰ）　スプーンＡ　スプーンＢ

（ⅱ）　水　スプーンＡ　スプーンＢ

図2

王　女：スプーンを水中に入れたとき，図2（ⅱ）のようになった理由は，スプーンＢにはたらく重力の大きさは，スプーンＡにはたらく重力の大きさ　**1**

① よりも大きく，
② よりも小さく，
③ と同じであり，

スプーンＢにはたらく浮力の大きさは，スプーンＡにはたらく浮力の大きさ　**2**

① よりも大きい
② よりも小さい
③ と同じである

ためです。

このことから，スプーンＢの体積はスプーンＡの体積よりも　**3**

① 大きく，
② 小さく，

スプーンＡとスプーンＢの密度が違うことがわかります。

つまり，スプーンＢは純金製ではありません！

細工師：これは，スプーンＡとスプーンＢの形状が少し違うから…。

細工師は何か言いかけたところで言葉に詰まった。

（2022年第3問　問2）

どちらのスプーンも質量は 100 g なので，水に入れたとしても重力自体は変わりません。（ $\boxed{1}$ の答えは③）

(ii)

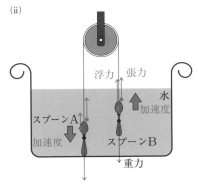

ピンと張った糸の場合，スプーン A，B にはたらく張力の大きさは変わらないので，スプーン A のほうが下がったということは，スプーン B の浮力がスプーン A よりも大きいと考えられます。
（ $\boxed{2}$ の答えは①）

浮力の式は $\rho V g$ で，ρ は水の密度なのでスプーン A と B とで変わりませんから，体積 V がスプーン B のほうが A よりも大きいと考えらえます。（ $\boxed{3}$ の答えは①）質量は同じで体積が異なるということから，密度が違うことが，つまり 2 つのスプーンの材質が異なることがわかります。

答え ▶ ③，①，①

過去問 にチャレンジ

　図1のように，なめらかな水平面上に箱 A，B，C が接触して置かれている。箱 A を水平右向きの力で押し続けたところ，箱 A，B，C は離れることなく，右向きに一定の加速度で運動を続けた。このとき，箱 A から箱 B にはたらく力を f_1，箱 C から箱 B にはたらく力を f_2 とする。力 f_1 と f_2 の大きさの関係についての説明として最も適当なものを，後の①〜④のうちから一つ選べ。ただし，図中の矢印は力の向きのみを表している。

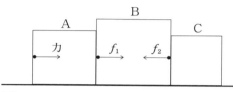

図1

① f_1 の大きさは，f_2 の大きさよりも小さい。
② f_1 の大きさは，f_2 の大きさよりも大きい。
③ f_1 と f_2 の大きさは等しい。
④ f_1 の大きさは，最初は f_2 の大きさよりも小さいが，しだいに大きくなり f_2 の大きさと等しくなる。

(2023年　第1問)

　運動状態を確認すると，「一定の加速度で運動を続けた」と書かれていることから，運動方程式より箱 B は右向きの力が残っているということが読み取れます。B にはたらく力は，ここに記載されている f_1，f_2 以外には，重力と垂直抗力しかありません。そのため，右向きに力が残るためには，f_1 のほうが f_2 よりも大きくなければいけません。

答え ②

　力のつり合いや作用・反作用をきちんと区別できているかを試すような問題ですね。

THEME

6 仕事とエネルギー

ここで
きめる！

- ある力のする仕事を考える場合，物体の移動方向を確認する。
- 運動エネルギー・位置エネルギー・弾性エネルギーの公式をそれぞれ覚える。
- 落下運動，振り子運動，ジェットコースター，バネのついた運動で，力学的エネルギーは保存する。
- 摩擦力などの外力がはたらく場合は，力学的エネルギーは保存しない。負の仕事を加えたエネルギー保存の式を作る。

1 仕事

物理における"仕事"は，次の式で定義されています。

POINT

仕事の式

$W = Fx$ 〔J〕

（仕事＝加えた力×移動距離）

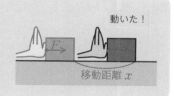

動いた！

移動距離 x

　仕事 W は，どれだけの大きさの力 F を加えたのかということと，どれくらいの距離 x だけ動かしたのかということが大切です。仕事の単位は J（ジュール）を使います。また仕事には「プラスの仕事」と「マイナスの仕事」があります。

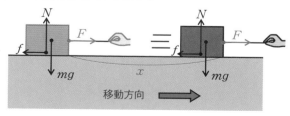

粗い水平面上で，物体をある距離 x 引っ張った場合，物体の移動を助けた力のした仕事が，プラスの仕事になります。その一方，物体の移動を妨げた力のした仕事は，マイナスの仕事になります。

　　　　正の仕事　→　手の力 F のした仕事　$+Fx$
　　　　負の仕事　→　摩擦力 f のした仕事　$-fx$

　また重力 mg や垂直抗力 N は仕事をしたのでしょうか？　これらの力は移動方向とまったく関係のない垂直方向を向いています。この場合，仕事としてはカウントしません。仕事はゼロです。

　　　　重力 mg，垂直抗力 N のした仕事＝0

　このように，ある力がする仕事を考える場合，物体の移動方向との関係を見ていく必要があります。次に，$2\,\mathrm{m}$ の高さの場所に質量 $5\,\mathrm{kg}$（重力 $50\,\mathrm{N}$）の荷物を運ぶ場合を考えます。ここで 2 つの方法を示します。

　方法❶は単に荷物にヒモをつけて，ヒモを引っ張って持ち上げるというものです。

　方法❷は，傾きが $30°$ のなめらかな斜面にそって荷物を押して持ち上げるというものです。小さな仕事で済むのはどちらの方法でしょうか。

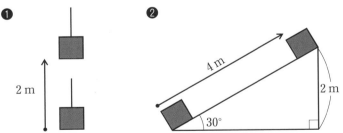

　実は計算をしてみると，答えはどちらも $100\,\mathrm{J}$ と変わりません。直接持ち上げる場合の手がする仕事は，重力（$50\,\mathrm{N}$）と逆向きに $50\,\mathrm{N} \times 2\,\mathrm{m} = 100\,\mathrm{J}$ です。対して斜面を使った場合は，物体にはたらく重力の斜面方向の成分は

　　　　$5 \times 10 \times \sin 30° = 25\,(\mathrm{N})$

となり，持ち上げるのは楽になりますが，斜面の距離が三角比より

4 m になってしまうため，手がする仕事は 25 N×4 m＝100 J とな
ります。斜面に限らず滑車やてこなど，どんな道具を使っても必要
な仕事の量は変化しないことを「**仕事の原理**」といいます。

2 仕事率

　例えば「10 秒で 600 J の仕事をする機械 A」と「60 秒で 600 J
の仕事をする機械 B」があるとします。あなたはどちらがほしいで
すか。使うなら仕事の効率がよい機械のほうがいいですよね。この
ように仕事の効率のよさを比較するときに便利なのが，**仕事率**で
す。仕事率は次のように定義されています。

> **POINT**
> **仕事率**
>
> $$P=\frac{W}{t}\ 〔W〕$$
>
> $$\left(仕事率＝\frac{仕事}{かかった時間}\right)$$

　仕事率の単位には W（ワット）を用います。この式を見るとわか
るように，仕事率 1 W とは，1 秒間で 1 J の仕事をすることを示し
ます。仕事率を使って，機械 A と機械 B の効率のよさを計算して
みましょう。

　　　機械 A の仕事率を計算すると，600 J÷10 秒＝60 W
　　　機械 B の仕事率を計算すると，600 J÷60 秒＝10 W
　この結果から，機械 A のほうが機械 B よりも 6 倍効率がよいこ
とがわかりますね。

3 力学的エネルギー

・運動エネルギー
　ボウリングでは動いているボールがピンにぶつかると，ピンが激

しく動いて飛んでいきます。つまり動いている物体は仕事をすることができます。**エネルギーとは仕事をする能力**のことをいいます。またこのような，動いている物体の持つエネルギーを**運動エネルギー**といい，その大きさは次の公式で表されます。

> **POINT** **運動エネルギーの公式**
>
> $$E = \frac{1}{2} mv^2 \ \text{〔J〕}$$
>
> $$\left(運動エネルギー＝\frac{1}{2}×質量×速度の 2 乗\right)$$

　ボウリングの球は質量 m の大きな球を使うと，ピンもより激しく飛んでいきますよね。運動エネルギーには速度だけではなく質量も関係しています。

・位置エネルギー

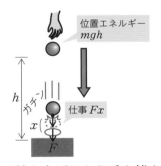

　鉄球をある高さまで持ち上げてから手を離すと，鉄球は下向きの速度を増しながら落ちていきます。もし落下点に釘があれば，鉄球は釘に対して仕事をすることができます。

　このように，高い場所にある物体は，そこにいるだけで仕事をする能力，つまりエネルギーを持っています。この高さによるエネルギーを「**重力による位置エネルギー**」といいます（本書では以降「位置エネルギー」とします）。位置エネルギーは次の式で表されます。

位置エネルギーの公式

$E = mgh$ 〔J〕

（位置エネルギー＝質量×重力加速度×高さ）

> 質量 m の大きな物体は，多くの仕事ができるから，質量も入っているんだね。

　注意してほしいのは，位置エネルギーは運動エネルギーと違い，プラスやマイナスがあることです。図のように，地上から高さ h_1 のところに質量 m の鉄球が置いてあるとします。①のように，地上にいる人から見れば h_1 だけ上空にある質量 m の鉄球の位置エネルギーは$+mgh_1$ です。

　しかし，②のように，鉄球と同じ高さにいるサルから見ると，鉄球の位置エネルギーは 0 になってしまいます。サルと同じ高さにある釘に対して，鉄球は仕事をする可能性がゼロであるため，サルからみると，鉄球の持つ位置エネルギーはゼロになるわけです。

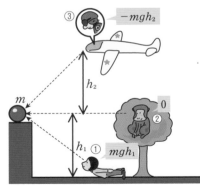

　さらには③のように，鉄球よりも上にある，飛行機の機内にある釘に対してはどうでしょうか？　機内にある釘に仕事をするためには，最低限，飛行機と同じ高さまで，鉄球を持ち上げなければいけません。よって，飛行機の高さよりも下にある鉄球の位置エネルギー

は，飛行機から見ると$-mgh_2$と，0よりも小さな負の値になります。

・弾性エネルギー

ばねをある距離x縮めて，そこにおもりをつけて手をはなすと，ばねは自然の長さまで戻ろうとして，おもりを動かします。

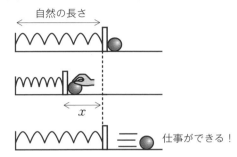

自然の長さ

x

仕事ができる！

このように，縮んだばねや伸びたばねは，おもりに対して仕事をする可能性をもっています。このような，ばねの持つエネルギーを**弾性エネルギー（弾性力による位置エネルギー）**といい，次の公式で表されます。

> **POINT** **弾性エネルギーの公式**
>
> $E=\dfrac{1}{2}kx^2$〔J〕
>
> $\left(弾性エネルギー＝\dfrac{1}{2}×ばね定数×ばねの伸びの2乗\right)$

4 力学的エネルギーとその保存

力学分野で出てくる運動・位置・弾性エネルギーの和を力学的エネルギーといいます。エネルギーはほかにも光エネルギーや熱エネルギー，電気エネルギーなどさまざまな種類があります。

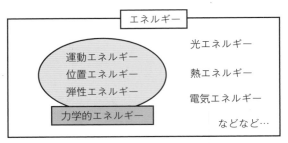

リンゴを地面から上向きに速さ v_0 で投げ上げた場合を考えます。地面に落ちてきたときのリンゴは速さ v_0 で戻ってきますね。力学的エネルギーは投げたときと、戻ってきたときで変化していません。実は投げ上げ運動では、その時々で運動エネルギーや位置エネルギーが変化していきますが、その和である力学的エネルギーはどこでも変わりません。

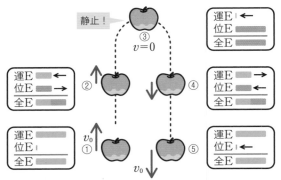

このように重力以外の力（外力）がはたらかない場合、または外力のする仕事が 0 の場合、力学的エネルギーは一定に保たれます。これを**力学的エネルギー保存の法則**といいます。力学的エネルギー保存の法則を用いると、最高点の高さを瞬時に求めることができます。投げたときは、地面なので位置エネルギーは 0 で運動エネルギーのみ。最高点では速さが 0 になるので、運動エネルギーは 0 で位置エネルギーのみなので、

$$\boxed{\text{はじめの力学的エネルギー}} = \boxed{\text{最高点での力学的エネルギー}}$$

$$0 + \frac{1}{2}mv_0^2 \qquad\qquad mgh + 0$$

となります。この数式から最高点の高さを求めると

$$\frac{1}{2}mv_0^2 = mgh$$

$$h = \frac{v_0^2}{2g}$$

　答えが合っているのかと思う人もいるでしょう。等加速度運動の3ステップ解法を使って同じ答えになるか，ぜひ確かめてみてください。落下運動のほかにも，ジェットコースターや振り子の運動でも，力学的エネルギー保存の法則を使うことができます。

例題　図のように，人を乗せた台車（合計の質量 m）が，高さ h_A の点 A で一瞬静止し，降下していきました。そのあとコースターは，速度を変化させながら，図のように B，C，D，E と一回転しながら運動しました。このとき，各点 B〜E の台車の速さを求めなさい。ただし地点 B・D の高さを h_B とします。また重力加速度を g とし，摩擦力や空気抵抗は，はたらかないものとします。

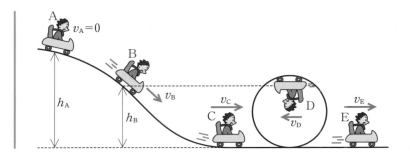

　高さが 0 である点 C の速度 v_C を求めてみましょう。地上を位置エネルギーの基準として，点 A と点 C のエネルギーの保存を考えると

$$\boxed{点 A の力学的エネルギー} = \boxed{点 C の力学的エネルギー}$$

$$\underset{mgh_A \ （運動エネルギーは 0）}{\uparrow} \qquad\qquad \underset{\frac{1}{2}mv_C^2 \ （位置エネルギーは 0）}{\uparrow}$$

　この数式を v_C について解くと

$$v_C = \sqrt{2gh_A} \quad \cdots\cdots ①$$

となります。点 C での速さ v_C を求めることができました。

あれ？　でも図 1 のように台車には重力以外の外力（垂直抗力）がはたらいているぞ。力学的エネルギーは保存しないのではないですか？

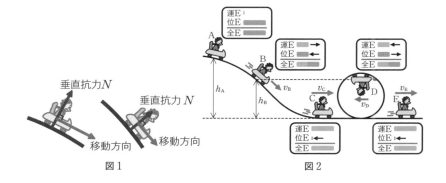

図 1　　　　　　　　　　　　図 2

仕事の定義を確認してみてください。垂直抗力 N は常に移動方向と垂直を向いているので，その力のする仕事は 0 です。なので，外力がはたらいていますが，力学的エネルギーは保存します。図 2 のように，力学的エネルギーは A 〜 E のどの場所でも一定で同じです。すべての原動力は，点 A にあるときの位置エネルギーで，そのエネルギーが，各点において，運動エネルギーと位置エネルギーに分配されるということですね。このことから，C と E，B と D の速さは同じだということもわかります。

　点 C と点 E における速さは求められたので，次は，点 B と点 D における速さを求めていきます。点 B の速さ v_B を求めてみましょう。点 A と点 B の力学的エネルギー保存則より

$$\boxed{\text{点 A の力学的エネルギー}} = \boxed{\text{点 B の力学的エネルギー}}$$

$$mgh_A \qquad\qquad \frac{1}{2}mv_B{}^2+mgh_B$$

となります。点 B では運動エネルギーと位置エネルギーを持っていることに注意してください。この数式を解くと

$$mgh_A=\frac{1}{2}mv_B{}^2+mgh_B$$

$$\frac{1}{2}mv_B{}^2=mg(h_A-h_B)$$

$$v_B{}^2=2g(h_A-h_B)$$

$$v_B=\sqrt{2g(h_A-h_B)}$$

となります。

$$v_B=v_D=\sqrt{2g(h_A-h_B)}, \quad v_C=v_E=\sqrt{2gh_A} \qquad 答$$

　次に振り子の運動について見ていきます。次の図のように，振り子についても重力のほかに外力である張力 T がはたらきます。ただしこれも台車のときの垂直抗力と同様に，振り子の運動方向に対して，張力 T はいつも垂直にはたらくため，その力のする仕事は 0 です。このため，力学的エネルギー保存の法則が成り立ちます。

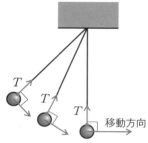

　最後にばねにつけられた物体の運動についても，重力や弾性力以外の外力が仕事をしなければ，力学的エネルギーは保存します。ただしここでは弾性エネルギーも考えた力学的エネルギーの保存を作る必要があるので注意しましょう。なお，ばねの運動では，次のような特徴があります。

> **POINT**　**ばねの運動の特徴**
>
> ● 振動の中心を通るとき，物体の速さは最大になるので運動エネルギーも最大になる
> ● 物体は両端でいったん静止し，弾性エネルギーが最大になる。
>
>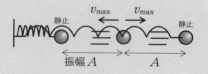

例題　ばね係数 k のばねに固定された質量 m のおもりを，自然の長さからある距離 x だけ引っ張り，手をはなしました。自然の長さを通るときの，おもりの速さ v を求めなさい。床とおもりとの摩擦は無視できるものとします。

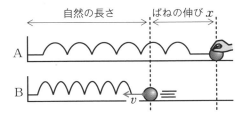

エネルギー保存の法則に関する問題を解く場合に便利な、「エネルギー保存の3ステップ解法」について紹介しましょう。

> **POINT** エネルギー保存の3ステップ解法
>
> ステップ **1** 絵をかき，「はじめの状態」と「あとの状態」を決める
>
> ステップ **2** 力学的エネルギーをそれぞれ書き出す
>
> ステップ **3** 仕事を加えてエネルギー保存の式を作る

ステップ **1** 絵をかき，「はじめの状態」と「あとの状態」を決める

Aの状態を「はじめ」，Bの状態を「あと」とします。

ステップ **2** 力学的エネルギーをそれぞれ書き出す

A（はじめの状態）

おもりは止まっているので，運動エネルギーはありません。また高さは今回ははじめとおわりで変化していないので，位置エネルギーは考えません。ばねは x だけ伸びているので，力学的エネルギーは弾性エネルギーのみで，$\frac{1}{2}kx^2$ です。

B（あとの状態）

物体は速度 v で動いていますが，ばねは伸びても縮んでもいないので，弾性エネルギーは持っていません。よって，このときの力学的エネルギーは運動エネルギーのみで，$\frac{1}{2}mv^2$ です。

おもりにはたらく力は，重力以外にはばねの力と垂直抗力です。ばねの力のする仕事は弾性エネルギーで扱っています。垂直抗力のする仕事は移動方向に垂直なので 0 でしたね。この場合，次のように力学的エネルギーは変化しません。

$$\boxed{\text{はじめの力学的エネルギー}} \;+\; \text{仕事} \;=\; \boxed{\text{あとの力学的エネルギー}}$$

$$\frac{1}{2}kx^2 \qquad + \qquad 0 \qquad = \qquad \frac{1}{2}mv^2$$

この数式を v について解くと，答えが求められます。

$$\frac{1}{2}mv^2 = \frac{1}{2}kx^2$$

$$v^2 = \frac{k}{m}x^2$$

$$v = \sqrt{\frac{k}{m}}\,x \qquad \text{答}$$

5 外力がする仕事と力学的エネルギーの変化

　高さ h から物体が移動した場合，落下して移動をしても，斜面をすべって移動しても，重力がする仕事は mg〔N〕$\times h$〔m〕で変わりません。このように重力や弾性力は，経路が変わっても，同じ場所にたどり着けば仕事は変化せず，これらの力を**保存力**といいます。対して摩擦力のする仕事は経路によってその大きさが変化します。摩擦力や空気抵抗力など，経路によって仕事が変化する力を**非保存力**といいます。非保存力がはたらく場合，力学的エネルギーは保存されません。

　外力として摩擦力がはたらく場合を考えます。消しゴムなどを机の上に置いてすべらせてみると，やがて止まってしまいますよね。このことをエネルギーの観点から考えると，はじめに持っていた運動エネルギーが消えてしまったことになります。位置エネルギーに変化しているわけでもありません。

6

仕事とエネルギー

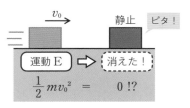

これははじめに持っていた「運動エネルギー」が，「摩擦力の負の仕事」によって，0になってしまったからです。

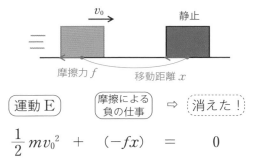

$$\frac{1}{2}mv_0^2 \; + \; (-fx) \; = \; 0$$

摩擦力による仕事は，主に熱エネルギーになります。運動の前後で力学的エネルギーの総量は変化しており一定ではありませんが，熱エネルギーまで含めると，エネルギーの総量は運動の前後で変化しません。これを**エネルギー保存の法則**といいます。

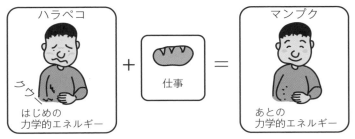

例題 次の図のように粗い水平面の上で，点 A にある質量 m の物体に，水平方向右向きに初速度 v_0 を与えた。この物体はしだいに速度が遅くなり，距離 l だけ離れた点 B を速さ $\frac{v_0}{2}$ で通過した。このときの摩擦力の大きさを求めなさい。

外力がはたらいていたとしても,「エネルギー保存の3ステップ解法」が有効です。3ステップ目に注目しながら, 問題を解いていきましょう。

ステップ❶　絵をかき,「はじめの状態」と「あとの状態」を決める

ステップ❷　力学的エネルギーをそれぞれ書き出す

A（はじめの状態）

速度 v_0 で運動しています。水平面上なので位置エネルギーは無視, また, ばねはついていないので, 弾性エネルギーは考えません。

$$\text{運動エネルギー} \quad + \quad \text{位置エネルギー}$$
$$\frac{1}{2}mv_0^2 \quad\quad + \quad\quad 0$$

B（あとの状態）

物体は $\dfrac{v_0}{2}$ で水平方向右向きに運動しています。

$$\text{運動エネルギー} \quad + \quad \text{位置エネルギー}$$
$$\frac{1}{2}m\left(\frac{v_0}{2}\right)^2 \quad + \quad\quad 0$$

ステップ❸　仕事を加えてエネルギー保存の式を作る

物体には, つねに移動方向と逆向きに摩擦力がはたらいています。摩擦力の大きさを F とすると, 距離 l の間だけ摩擦力がはたらいたので, 摩擦力のした仕事は $-Fl$ となります。このことからエネルギー保存の式を作ると, 次のようになります。

$$\boxed{\text{A の力学的エネルギー}} + \boxed{\text{仕事}} = \boxed{\text{B の力学的エネルギー}}$$
$$\frac{1}{2}mv_0^2 \quad\quad + (-Fl) = \quad \frac{1}{2}m\left(\frac{1}{2}v_0\right)^2$$

これを F について解くと，答えが求められます。

$$\frac{1}{2} m v_0{}^2 + (-Fl) = \frac{1}{2} m \left(\frac{1}{2} v_0\right)^2$$

$$Fl = \frac{1}{2} m v_0{}^2 - \frac{1}{8} m v_0{}^2$$

$$Fl = \frac{3}{8} m v_0{}^2$$

$$F = \frac{3 m v_0{}^2}{8l} \quad \text{答}$$

過去問にチャレンジ

　図1のように，鉛直上向きに y 軸をとる。小球を，$y = 0$ の位置から鉛直上向きに投げ上げた。この小球は，$y = h$ の位置まで上がったのち，$y = 0$ の位置まで戻ってきた。小球が上昇しているときおよび下降しているときの，小球の y 座標と運動エネルギーの関係は，次ページのグラフ(a)，(b)，(c)の実線のうちそれぞれどれか。その組合せとして最も適当なものを，次ページの①～⑨のうちから一つ選べ。ただし，グラフ中の破線は $y = 0$ を基準とした重力による位置エネルギーを表している。また，空気抵抗は無視できるものとする。

図1

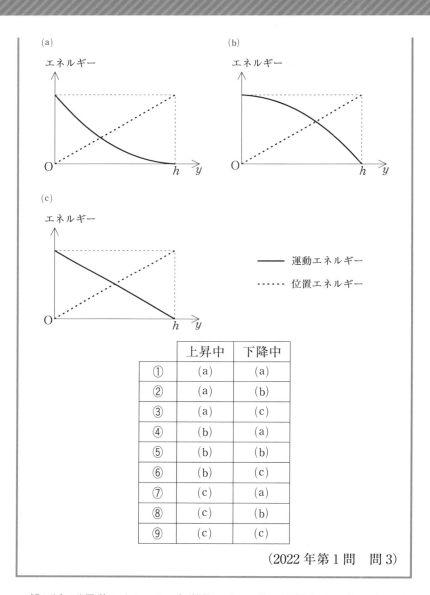

	上昇中	下降中
①	(a)	(a)
②	(a)	(b)
③	(a)	(c)
④	(b)	(a)
⑤	(b)	(b)
⑥	(b)	(c)
⑦	(c)	(a)
⑧	(c)	(b)
⑨	(c)	(c)

（2022 年第 1 問　問 3）

　投げ上げ運動において，力学的エネルギーは保存するということを思い出しましょう。つまり運動エネルギーと位置エネルギーの和は常に一定になっています。位置エネルギー（mgh）から見ていくと，物体にはたらく重力 mg は常に一定なので，高さ h に一次関数

の形で比例します。横軸が y なので，右肩上がりのものを選びます。これに対して縦軸の運動エネルギーは，位置エネルギーとの和が一定になっていなければいけないので，右肩下がりの一次関数のものしか選ぶことができません。よって c を選びます。これらのことは上昇中でも下降中でも変わりません。

答え ⑨

過去問 にチャレンジ

　重力加速度の大きさが a の惑星で，惑星表面からの高さ h の位置から，物体を鉛直上向きに速さ v_0 で投げた。惑星の大気の影響は無視できるものとする。

問1　図1は物体の位置と時刻の関係を示したものである。Rで物体にはたらく力の向きと大きさを図2のオのように示すとき，P，Q，S で物体にはたらく力の向きと大きさを示す図は，それぞれ図2のア～カのどれか。その記号として最も適当なものを，次の①～⑥のうちから一つずつ選べ。ただし，同じものを繰り返し選んでもよい。

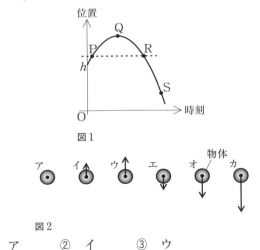

図1

図2

① ア　　　② イ　　　③ ウ

④ エ　　　⑤ オ　　　⑥ カ

問2　投げ上げられた物体は惑星表面に落下した。惑星表面に
　　　達する直前の物体の速さ v を表す式として正しいものを，
　　　次の①～⑥のうちから一つ選べ。

① $\sqrt{v_0{}^2 + 2ah}$　　② $\sqrt{v_0{}^2 + ah}$　　③ $\sqrt{v_0{}^2 + \dfrac{1}{2}ah}$

④ $\sqrt{v_0{}^2 - 2ah}$　　⑤ $\sqrt{v_0{}^2 - ah}$　　⑥ $\sqrt{v_0{}^2 - \dfrac{1}{2}ah}$

　　　　　　　　　　　　　　　（大学入学共通テスト試行調査）

問1　物体にはたらく力は重力以外に
　　　はありません。また，この惑星の
　　　重力加速度の大きさが a である
　　　ことから，重力 W の大きさは常
　　　に ma となります。これらのこと
　　　から，位置Rが「オ」なので，
　　　他のP，Q，Sの位置でも同じ大

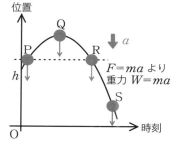

きさで「オ」となります。「なんだこの問題は？」と思うかも
しれませんが，この問題には速度と力の違いがわかっているの
かを確認する意図が隠されています。

答え▶ P ⑤，Q ⑤，S ⑤

問2　重力以外の力がはたらいていないため，力学的エネルギーは
　　　保存します。「エネルギーの保存の3ステップ解法」から，地
　　　面に到達する直前の速さを求めてみましょう。

絵をかき，「はじめの状態」と「あとの状態」を決める

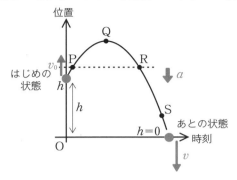

力学的エネルギーをそれぞれ書き出す

投げた直後の力学的エネルギーは高さが h，初速度が v_0 ということから

$$mah+\frac{1}{2}mv_0^2$$

となります。なお，位置エネルギーの公式 mgh の重力加速度 g を，加速度 a にかえています。また，落下直前の物体の力学的エネルギーは，高さが 0，速さが v ということから，

$$ma\cdot0+\frac{1}{2}mv^2=\frac{1}{2}mv^2$$

となります。

仕事を加えてエネルギー保存の式を作る

この運動では重力以外，外から力がはたらかないため，仕事はありません（力学的エネルギーは保存します）。

$$mah+\frac{1}{2}mv_0^2+0=\frac{1}{2}mv^2$$

はじめの力学的エネルギー＋仕事＝あとの力学的エネルギー

この式を v について解くと，
$$v=\sqrt{v_0^2+2ah}$$

SECTION

1

力学

よって答えは①ですね。

答え ①

過去問 にチャレンジ

同じ質量の二つの小球 A，B を用意した。図１のように，水平な床を高さの基準面として，小球 A を高さ h の位置から初速度 0 で自由落下させると同時に，小球 B を床から初速度 v_0 で鉛直に投げ上げたところ，小球 A，B は同時に床に到達した。重力加速度を g とする。

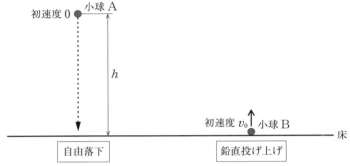

初速度 0　小球 A

h

初速度 v_0　小球 B

床

自由落下

鉛直投げ上げ

図1

問1　v_0 を，h と重力加速度の大きさ g を用いて表す式として正しいものを，次の①〜⑥のうちから一つ選べ。

①　$\sqrt{\dfrac{h}{g}}$　　②　$\sqrt{\dfrac{g}{h}}$　　③　$\sqrt{gh}$

④　$\sqrt{\dfrac{h}{2g}}$　　⑤　$\sqrt{\dfrac{g}{2h}}$　　⑥　$\sqrt{\dfrac{gh}{2}}$

問2　次の文章中の空欄　ア ・ イ　に入れる式の組合せとして正しいものを，後の①〜⑨のうちから一つ選べ。

　　床に到達する時点での小球 A，B の運動エネルギー K_A，K_B の大小関係は，計算をせずとも以下のように調べられる。

　　小球 B の最高点の高さを h_B とする。運動を開始してか

6

仕事とエネルギー

ら床に到達するまでの時間は小球 A，B で等しいことから，h と h_B の大小関係は ア であることがわかる。小球が最高点から床に達する間に失った重力による位置エネルギーは，床に到達する時点で運動エネルギーにすべて変換されるので，K_A と K_B の大小関係は イ であることがわかる。

	ア	イ
①	$h = h_B$	$K_A > K_B$
②	$h = h_B$	$K_A < K_B$
③	$h = h_B$	$K_A = K_B$
④	$h < h_B$	$K_A > K_B$
⑤	$h < h_B$	$K_A < K_B$
⑥	$h < h_B$	$K_A = K_B$
⑦	$h > h_B$	$K_A > K_B$
⑧	$h > h_B$	$K_A < K_B$
⑨	$h > h_B$	$K_A = K_B$

（2023 年第 2 問　問 4・問 5）

問 1

　自由落下で小球 A が地面に落ちる時間をまずは計算すると，高さの式より，

$$h = \frac{1}{2} g t^2$$

これを t について解くと，$t = \sqrt{\dfrac{2h}{g}}$ となります。次に小球 B が最高点（速さ 0）に達する時間は，小球 A が落下する上の時間の半分であることが鉛直投げ上げの対称性からわかるので，

$$\sqrt{\frac{2h}{g}} \div 2 = \sqrt{\frac{h}{2g}}$$

となります。これを小球 B の速度の式に代入してみると，

$$v = -gt + v_0$$

$$0 = -g\sqrt{\frac{h}{2g}} + v_0$$

$$v_0 = \sqrt{\frac{gh}{2}}$$

となりますね。

答え ▶ ⑥

問2

　もし小球 B が h まで上がると仮定すると，そこで最高点ということで速さが 0 になり，小球 A と同じ状態となります。ここからまた落ちていくとすると，小球 A よりも時間がかかってしまうことは明らかです。そのため，

　　$h > h_B$

ですね。今回は落下運動であり力学的エネルギーは空気抵抗が無視できれば保存するので，小球 A の落下中と小球 B の落下中はどちらも途中で力学的エネルギー（運動エネルギーと位置エネルギーの和）は変化しません。小球 A のスタート地点（速さ 0）と小球 B の最高点（速さ 0）を比較すれば，力学的エネルギーはどちらも位置エネルギーのみを見ればよいので，

　　$mgh > mgh_B$

となります。床に達するときも力学的エネルギーは変化しないので，運動エネルギーを比較すれば，$K_A > K_B$ ということがいえます。

答え ▶ ⑦

SECTION

熱力学

2

THEME

SECTION2で学ぶこと

⊿ マークの意味を理解できているか？
熱量の保存で「あげた人」と「もらった人」を
明確にできているか？

熱量の式

$$Q = mc\Delta T$$

（与えた熱＝質量×比熱×温度変化）

熱量の式の ⊿ マークは変化量を示す。例えば，$T=273$〔K〕から $T=283$〔K〕に温度が変化した場合は，変化量 ΔT は 10 K なので，10 を代入する。また変化量なので，絶対温度 T とセルシウス温度 t の変化量（ΔT と Δt）は同じだね。熱力学はこの ⊿ マークに要注意だ。

また，熱量の保存では，2〜3 個の物体が出てくる問題がほとんどだ。その場合，**熱を上げた人（失った物体）ともらった人（得た物体）**を明確にしよう。

問題例） 断熱容器に入れた温度 10.0℃の水 100 g に 96.0℃の鉄球を沈め十分な時間が経過すると，水と鉄球はともに 12.0℃になった。

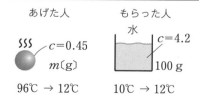

あげた人　　　　もらった人
$c=0.45$　　　水　$c=4.2$
m〔g〕　　　　100 g
96℃ → 12℃　　10℃ → 12℃

3 ステップ解法で，熱量保存の式を作っていけばミスを防げるよ。

熱量の保存の3ステップ解法

ステップ① 絵をかき，「あげた人」と「もらった人」を明確に

ステップ② あげた熱量ともらった熱量を，それぞれ書き出す

ステップ③ あげた熱量＝もらった熱量

3つの物体が出てくる場合は，「鉄球などの物体」，「水などの液体」，「液体が入った容器」のことを考える問題が多いよ。

 ここが問われる！ 熱力学第一法則から自然現象が説明できるか？

熱力学第一法則の式は，式自体を覚えることよりも，**その式が示す意味を理解していることが大切**だ。

熱力学第一法則の式

$$Q = \Delta U + W_{シタ}$$

（気体に与えた熱エネルギー＝内部エネルギーの変化＋気体がした仕事）

 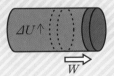

例えば閉じ込めた気体に熱を与えると，この気体の温度が上がり，膨張して仕事をするという意味を示すよ。ΔU は内部エネルギーの変化という意味で，温度変化と比例する。また，$W_{シタ}$ は気体が仕事をした場合は正で，仕事をされた場合は負となる。

 例えば，気体を圧縮すると温度が上がるのだけど，熱力学第一法則で説明してみよう。

THEME

1 熱量の保存

👍 熱量の式 $Q=mc\Delta T$ の ΔT は温度変化を示す。

👍 物体 A と物体 B のみで熱のやり取りをしたとき，「A が あげた熱量＝B がもらった熱量」という式が成り立つ。

1 熱運動と温度の関係

　分子や原子は，つねに激しくさまざまな方向へ運動しています。この運動を**熱運動**といいます。ブラウンという科学者は，19 世紀のはじめに，花粉の微粒子が，水中で不規則に細かく振動していることを発見しました。これを**ブラウン運動**といいます。ブラウン運動は，花粉のまわりにある水分子が，熱運動によって花粉に衝突するために起こっている現象でした。

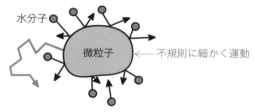

水分子　　　微粒子　　←── 不規則に細かく運動

　日常生活で目にする水は液体の状態です。その水を冷凍庫で冷やせば固体（氷）になります。また，水をヤカンに入れて熱すれば，気体（水蒸気）になります。

　水に限らずすべての物質は，このように固体・液体・気体の 3 つの状態をとります。これを物質の三態といいます。たとえば固体の状態しか目にしない鉄も，1500℃まで熱していけば液体になります。

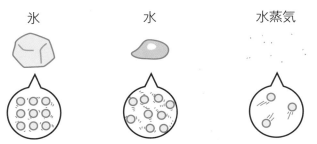

氷　　　　　水　　　　水蒸気

　固体では，一見熱運動しているように見えないかもしれませんが，振動しています。液体の状態では，分子間の距離は固体よりも大きく，熱運動も活発になります。気体の状態では，分子間の距離が液体よりもさらに大きくなり，分子は空間を大きな速度で飛びながら移動しています。

　実は，温度とは"熱運動の激しさ"を表しているものなのです。

> 温かいものは熱運動が激しいから，触ると温かく感じるってことですか？

　その通りです。私たちが高温のものを触ったときに「熱い」と感じるのは，その物質の粒子が，皮膚に衝突をして，皮膚を通して熱運動のエネルギーを受け取っているからです。逆に，熱運動の小さい物質に触ると，皮膚を構成する粒子から，熱運動のエネルギーが奪われ，「冷たい」と感じます。

2　2つの温度（セルシウス温度と絶対温度）

「エアコンの設定温度は 28℃ にしよう」など，普段，私たちが使っている温度の単位を**セルシウス温度**といいます。セルシウス温度は，「水」を基準として定義されています。氷が溶けて水になる温度（融点）を 0℃，水蒸気になる温度（沸点）を 100℃ として，その間を 100 等分して 1℃ の大きさは決まっています。

　これに対して，熱運動のようすから決められたのが**絶対温度**です。物質を冷やしていくと温度は下がっていき，熱運動も小さくなっ

ていきます。そして−273℃以下には，どんなに冷やそうとしても，温度を下げることができません。−273℃という温度では，すべての分子や原子の熱運動が止まってしまうからです。この最低値−273℃を基準の0K（ケルビン）として決めた温度を，絶対温度といいます。目盛りの幅はセルシウス温度と同じです。

絶対温度 T 〔K〕とセルシウス温度 t 〔℃〕の関係式
$$T〔K〕= t〔℃〕+273$$

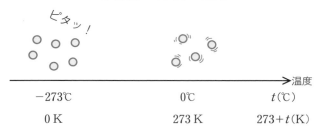

なお，温度は熱運動の激しさを示す数値ですから，温度に最低値はあっても最高値はありません。10000度という温度もありえます。

3 物質の3つの状態と温度

外部から物質に移動した熱運動によるエネルギーを**熱**，その量を**熱量**といいます。物体に熱が加わると，物体の温度は変化します。熱はエネルギーなので，単位には J（ジュール）を使います。

バーナーで熱するなどして，氷に一定量の熱をつねに与え続けながら温度を計測していきます。すると，次のグラフで示されるような温度変化をたどっていきます。

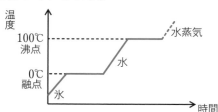

あれっ？ つねに熱を加えたはずなのに，温度が上がっていない時間があるよ。

　固体から液体になるとき，液体から気体になるときなど，状態が変化するときには，熱を加え続けているのにも関わらず，温度の変化は止まります。固体から液体になる現象を**融解**といい，このときの温度を**融点**といいます。水の場合，融点は 0℃ です。融解の間に与えられた熱は，固体から液体へ状態を変化させるため（粒子の結びつきを引き剥がすため）に優先して使われるため，水の温度は一定になります。この，固体から液体に状態変化するときに必要な熱量を，**融解熱**といいます。

　また，液体の表面だけでなく内部でも，激しく液体が気体になる現象を**沸騰**といい，沸騰が起こるときの温度を**沸点**といいます。水の場合，大気圧での沸点は 100℃ です。沸騰の間に与えられた熱量は状態変化に使われるため，融解と同じように，沸騰の間も温度は変化しません。液体から気体になるときに必要な熱量を**蒸発熱**といいます。融解熱や蒸発熱など，状態変化に使われる熱を**潜熱**といいます。

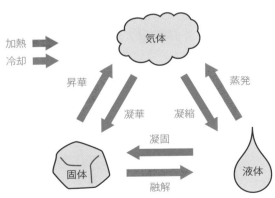

状態変化の模式図

　日差しが強い，暑い夏の日には，マンホールのふたは触れないほど高温になりますが，土はそれほど温度は上がりません。このように物質の温度変化は，受け取った熱量の大きさだけではなく，その物質の種類によっても違いがあります。

　また，同じ物質でも，質量が大きければ，温まりにくくなります。物質の温度変化 ΔT は，次の式で表せます。

$$\Delta T = \frac{Q}{mc}$$

「Δ デルタ」は変化量を示しており，ΔT で温度変化を表します。

　例えば，温度が $T = 300$〔K〕から $T = 310$〔K〕へと上昇した場合，このときの ΔT は $310 - 300 = 10$〔K〕となります。この温度変化を起こすのが右辺の要素です。Q は熱量（単位は J）を，m は物質の質量（単位は g）を示しています。

　c は物質の温まりにくさを示す量で，**比熱**といい，物質 1 g の温度を 1 K 上昇させるのに必要な熱量 J です。比熱は分母についているので，比熱が大きい物質ほど，温度変化が小さい（温まりにくい）ことになります。単位は組立単位となり，J/(g·K) を使います。

　この式を，物質に与えた熱量 Q で解いた形で覚えておくと，問題を解くうえで便利です。

> **POINT　熱量の式**
> $Q = mc\Delta T$
> （与えた熱量＝質量×比熱×温度変化）

　また，この公式は m と c をまとめて，大文字の C として表した，次の形でもよく使われます。

$$Q \quad = \quad C \quad\quad \Delta T$$

　与えた熱量　熱容量　温度変化

　C を熱容量といい，単位は J/K を使います。

熱容量は，ある物質の温度を 1 K 上昇させるのに必要な熱量のことです。水の場合は，容器に入れたときの質量が場合によって違うので，比熱を使った方が便利です。しかし鍋などの容器の温度変化を考える場合，容器の質量は場合によって変化しないので，容器の熱容量 C を使ったほうが便利です。

　ちなみに「カロリー」というエネルギーの単位もよく耳にすると思います。1 cal は，「1 グラムの水を 1℃ 上昇させるのに必要な熱量」と決められました。1847 年イギリスのジュールは，実験によって熱（cal）と仕事（J）の換算式を測定しました。1 cal＝4.19 J です。これを熱の仕事当量といいます。

(1)　温度が 293 K で，熱容量が 80 J/K の物体があります。この物体の温度を 313 K まで上昇させるために，必要な熱量を求めなさい。

(2)　鉄の比熱は 0.45 J/(g・K) です。400 g の鉄の温度を 20 度から 60 度まで上げるのに必要な熱量を求めなさい。

(1)　公式に代入しましょう。

$$Q=\underset{80}{C}\ \underset{313-293}{\varDelta T}$$

$$Q=1.6\times10^3 \text{ J} \quad \text{答}$$

(2)　比熱がわかっているので，$Q=mc\varDelta T$ を使います。セルシウス温度を絶対温度に直すと，それぞれ 273 K を足して，20℃＝293 K，60℃＝333 K となります。公式に代入すると

$$Q=\underset{400}{m}\ \underset{0.45}{c}\ \underset{333-293}{\varDelta T}$$

となります。計算すると

$$Q=7.2\times10^3 \text{ J} \quad \text{答}$$

　ここで計算のテクニックを紹介します。T は絶対温度を表しますが，$\varDelta T$ は変化量を表すので，セルシウス温度 t を使っても，温度変化は同じになります（$\varDelta T=\varDelta t$）。

$$Q = m \quad c \quad \Delta t$$
$$\quad\quad\uparrow\quad\uparrow\quad\uparrow$$
$$\quad\quad 400 \quad 0.45 \quad 60-20$$

絶対温度に直してから計算する手間が省けるので，少し時間を短縮することができますよ。

5 　熱量の保存

温度の違う2つの物体を触れさせると，物体の間で熱のやりとりが行われます。高温の物体Aと低温の物体Bを触れさせたときの，温度変化の様子を示したのが次のグラフです。

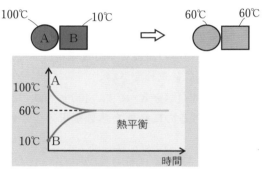

高温の物体Aは温度が少しずつ下がっていき，逆に低温の物体Bは温度が上がっていきます。2つの物体の温度が等しくなるところで，温度変化は止まります。

このとき，2つの物体は**熱平衡**にあるといいます。2つの物体の間だけで熱が移動するとき，高温の物体Aがあげた熱量と，低温の物体Bがもらった熱量は等しいことがわかっています。これを熱量保存の法則といいます。

　　　Aがあげた熱量＝Bがもらった熱量

この関係式を使うと，さまざまなことがわかります。

例題
断熱容器に入れた温度 10.0℃ の水
100 g に 96.0℃ の鉄球を沈め十分な
時間が経過すると，水と鉄球はともに
12.0℃ になりました。鉄球の質量はいくら
ですか。ただし，水の比熱を 4.2 J／(g·K)，

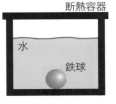

断熱容器

水

鉄球

鉄の比熱を 0.45 J／(g·K) とし，水の蒸発の影響や断熱容器への
熱の移動は無視できるものとします。

熱量の保存に関する問題は，次の 3 ステップ解法を使って解きま
しょう。

> **POINT** 　**熱量の保存の 3 ステップ解法**
>
> ステップ ❶ 絵をかき，「あげた人」と「もらった人」を明確に
> する
> ステップ ❷ あげた熱量ともらった熱量を，それぞれ書き出す
> ステップ ❸ あげた熱量＝もらった熱量

ステップ ❶ 　**絵をかき，「あげた人」と「もらった人」を明確にする**

登場人物は水と鉄球の 2 人です。熱量をあげた人（温度が下がっ
たほう）は「鉄球」，もらった人（温度が上がったほう）は「水」で
すね。

あげた人　　　　もらった人

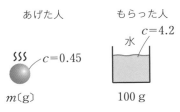

$c=0.45$

m（g）

$c=4.2$

水

100 g

96.0℃ → 12.0℃　　10.0℃ → 12.0℃

あげたほう（鉄球）について，$Q=mc\Delta T$ を使って，あげた熱量を求めてみましょう。

鉄球：あげた熱量　$Q=m\times0.45\times(96.0-12.0)$　……①

同様にもらったほう（水）の熱量の計算をしてみましょう。

水：もらった熱量　$Q=100\times4.2\times(12.0-10.0)$　……②

ステップ **3** あげた熱量＝もらった熱量

あげた熱量ともらった熱量が同じになること，これが熱量の保存です。よって，①と②を等式で結びます。

$$\boxed{あげた熱量}\quad=\quad\boxed{もらった熱量}$$
$$m\times0.45\times(96.0-12.0)\quad100\times4.2\times(12.0-10.0)$$

これを m について解くと，$m=22.22\cdots$ と割りきれません。有効数字は問題文から 2 桁と読みとれるので，m の値は 3 桁目を四捨五入して 22 g になります。

22 g　 答

THEME

2 | **熱力学第一法則**

ここで
きめる！

📕 気体の内部エネルギーは気体の温度に比例する。

📕 熱力学第一法則 $Q = \Delta U + W$ の W は気体がした仕事を示す。

1 内部エネルギーと熱力学第一法則

かごに片付けられているサッカーボールをイメージしてください。一見，止まっているサッカーボールですが，実はボールを形作る粒子や，ボールの中の気体は熱運動によって振動したり，飛び回ったりしています。そのため，サッカーボール自体は止まっていたとしても，細かく見ていけば運動エネルギーを持っています。

これらの物体が内部に秘めているエネルギーの総和を**内部エネルギー**といい，U で表します。内部エネルギーは温度に比例します。

今回の主役は気体です。図のように，ピストンに閉じ込められたある気体（たとえばガソリンを気化させたもの）に，火をつけるなどして熱量 Q を与えたときのことを想像してください。「ボン！」と音が鳴り，ピストンが右に動きます。

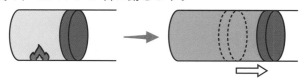

熱量を与えると，気体の温度は上昇します。つまり，気体の熱運動が激しくなります。これは，内部エネルギーが増えた（変化した（ΔU））ことに相当します。気体の粒子の熱運動が激しくなって，ピストンに当たる気体の粒子が増えると，気体の圧力が大きくなり，ピストンを押し出して，気体が仕事 W をしたのです。

仕事 W

熱量 Q

　このように，気体に与えた熱エネルギー Q は，内部エネルギーの変化 ΔU と，気体がした仕事 $W_{シタ}$ に分配されます。そして，これらの和は，次の式で表されます。

SECTION

2

熱力学

POINT **熱力学第一法則の式**

$Q = \Delta U + W_{シタ}$

（気体に与えた熱エネルギー

　　　　＝内部エネルギーの変化＋気体がした仕事）

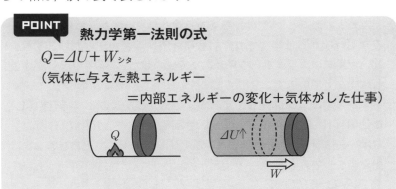

　この関係を熱力学第一法則といいます。この式は，熱エネルギーと力学的エネルギーの関係までも含めた，エネルギー保存の法則のことを示しています。

　自動車のエンジンや蒸気機関など，熱を繰り返し仕事に変える仕組みを持った機械を**熱機関**といいます。熱機関において，燃料から発生する熱エネルギーを，どのくらい仕事に変換することができたのかを，**熱効率**といいます。熱効率は，次の式で表されます。

POINT **熱効率の式**

$e = \dfrac{W}{Q}$

$\left(熱効率 = \dfrac{熱機関がした仕事}{与えた熱量} \right)$

なお，どんなに効率のいい熱機関でも，その一部は外部に熱として捨てられてしまうため，熱効率が100%の熱機関は存在しません。

COLUMN 熱力学第一法則の別の表記法

熱力学第一法則は，気体の内部エネルギーの変化に注目して次のように書かれることもあります。

$$\Delta U \quad = \quad Q \quad + \quad W_{サレタ}$$

内部エネルギーの変化 ＝ 気体に与えた熱量 ＋ 気体がされた仕事

この式の形だと，「気体が熱をもらったり，気体が圧縮されたりするなど外部から仕事をされた場合に，内部エネルギーが増加する」という意味になります。一見，本文で紹介した式（$Q=\Delta U+W_{シタ}$）とは異なっています。

しかし実は**意味は同じ**です。本文で紹介した式のWは**気体がした仕事**（$W_{シタ}$）を示しています。今回紹介した式$\Delta U=Q+W_{サレタ}$では，気体が「された仕事」を意味していて，$W_{サレタ}$と書きました。式変形をしてみると，

$$Q=\Delta U+W_{シタ}$$
$$\Delta U=Q-W_{シタ}$$
$$\Delta U=Q+W_{サレタ}$$

となり，同じ意味です。

2 一方通行！ 熱力学第二法則

振り子の運動をイメージしてみてください。高い場所から徐々に速くなり，最下点では速さが最も大きくなります。そのあと，少しずつ上昇しながら速度を落とし，反対側の同じ高さの点で止まります。このように，振り子では位置エネルギーが運動エネルギーへと変化し，また運動エネルギーが位置エネルギーに変化するなど，エネルギーは相互に変換されていきます。このような変化を**可逆変化**といいます。

これに対して，摩擦のあるザラザラした面で物体をすべらせたとき，物体の持つ運動エネルギーは，摩擦力による熱エネルギーに変わり，やがて物体は止まります。止まっていた物体が床から熱を勝手に吸収し，動き出すことはありえません。

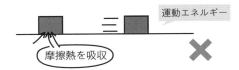

摩擦熱　→　運動エネルギーということは起こらない

このように，エネルギーの変化が一方向にしか進まない変化のことを**不可逆変化**といいます。熱が関係した現象は，すべてがこの不可逆変化であり，一方向に変化していきます。これを**熱力学第二法則**といいます。

過去問 にチャレンジ

次の文章中の空欄　ア　・　イ　に入れる式と語の組合せとして最も適当なものを，後の①～④のうちから一つ選べ。

次の図1のように，なめらかに動くピストンのついた容器に気体が閉じこめられている。最初，容器内の気体と大気の温度は等しい。気圧が一定の部屋の中でこの容器の底をお湯につけると，容器内の気体が膨張し，ピストンが押し上げられた。この間に，容器内の気体が受け取った熱量 Q と容器内の気体がピストンにした仕事 W' の間には　ア　という関係がある。
$Q = W'$ とならないのは，容器内の気体の内部エネルギーが　イ　するためである。

ピストン

気　体

容器

図1

	ア	イ
①	$Q<W'$	増加
②	$Q<W'$	減少
③	$Q>W'$	増加
④	$Q>W'$	減少

（2023年　第1問　問3）

内部の気体について，熱力学第一法則で考えてみましょう。

$$Q=\varDelta U+W_{シタ}$$

お湯につけて気体には熱が入ってきました　　　　　　　$Q>0$

気体の温度は上昇する（＝内部エネルギーは増加する）　$\varDelta U>0$

気体が仕事をした　　　　　　　　　　　　　　　　　$W_{シタ}>0$

となりますね。イは増加ですね。適当に数字を当てはめてみると，

$$Q=\varDelta U+W_{シタ}$$
$$100=70+30$$

というような感じになります。

　アについてですが，$W_{シタ}$が Q を超えることはないので，
$Q<W_{シタ}$となりますね。またイコールにならないのは，気体の温度
が増加するため $\varDelta U$ が正となるため，上記の例でいえば 100 J が全
て $W_{シタ}$にはならないということを意味しています。Q の一部が
$W_{シタ}$になるわけですね。

答え ③

　プールから帰ってきた A さんが，同級生の B さんと熱に関する会話を交わしている。次の会話文を読み，下線部に**誤りを含むもの**を①〜⑤のうちから**二つ**選べ。ただし，解答番号の順序は問わない。

A さん：プールで泳ぐのはすごくいい運動になるよね。ちょっと泳いだだけでヘトヘトだよ。水中で手足を動かすのに使ったエネルギーは，いったいどこにいってしまうんだろう？

B さん：水の流れや体が進む運動エネルギーもあるし，①手足が水にした仕事で，その水の温度が少し上昇するぶんもあると思うよ。仕事は，熱エネルギーになったりもするからね。たしか，エネルギーは，②熱エネルギーになってしまうと，その一部でも仕事に変えられないんだったね。

A さん：物理基礎の授業で，熱が関係するような現象は不可逆変化だって習ったよ。でも，③不可逆変化のときでも熱エネルギーを含めたすべてのエネルギーの総和は保存されているんだよね。

B さん：授業で，物体の温度は熱運動と関係しているっていうことも習ったよね。たとえば，④1気圧のもとで水の温度を上げていったとき，水分子の熱運動が激しくなって，やがて沸騰するわけだね。

A さん：それじゃ逆に温度を下げたら，熱運動は穏やかになるんだね。冷凍庫の中の温度は−20℃とか，業務用だともっと低いらしいよ。太陽から遠く離れた惑星の表面温度なんて，きっと，ものすごく低いんだろうね。

B さん：そうだね，天王星とか，海王星の表面だと−200℃より低い温度らしいね。もっと遠くでは，⑤−300℃より

も低い温度になることもあるはずだよ。そんなところ
じゃ，宇宙服を着ないと，すぐに凍ってしまうね。

（2021 年第 1 問　問 4）

① 正しい。
② 誤り。

　熱エネルギーを使って熱機関などでその一部は仕事に変えること
ができます。ただし，熱エネルギーの全てを仕事に変えることは
できません。

③ 正しい。
④ 正しい。
⑤ 誤り。

　温度の最小値は，熱運動が止まる−273℃ですね。

答え ▶ ②・⑤

SECTION

波動

3

THEME

SECTION3で学ぶこと

波の形の動きと，波の媒質の動きを関連づけられるか？
波の式を使いこなせているか？

波は動きがあることがポイントだ。どうしても波の形の動き（山など）に目が奪われがちだけど，**波の媒質はその場で振動をしているだけ**だよ。これは縦波でも同じだ。

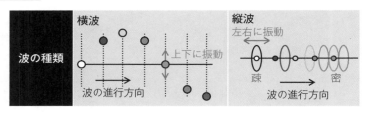

またy–xグラフとy–tグラフの関係とともに，波で使う物理量をおさえておこう。y–tグラフはある媒質の振動の様子を示すよ。

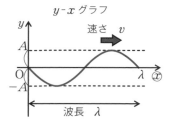

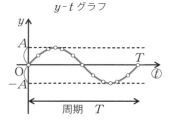

そして波動の基本は，**波の式 $v = f\lambda$** をおさえることだ。

例えば，ギターの弦は長いと低い音が出るよね。このことを波の式から考えてみよう。弦の長さが長い，すなわち，**波長 λ が大きいと，波長と反比例の関係にある f は小さくなる**。つまり，低い音が出ることになるんだ。逆に，どこかをおさえて弦を短くすると高い音が出ることも，この式からわかるね。

ここが問われる！ 定在波の形から波長を計算できるようにする

弦や気柱には，いろいろなパターンの**定在波（定常波）**ができる。この様子から，波長を求められることが大切だよ。**「定在波，葉っぱ2枚で　1波長」と5・7・5のリズム**で覚えておこう。

定在波，葉っぱ2枚で　1波長

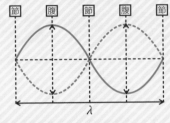

定在波の3ステップ解法

ステップ 1　絵をかく
ステップ 2　基本単位の葉っぱの長さを求める
ステップ 3　葉っぱ2枚の長さから，波長を求める

他の分野と同様，問題で生じる定在波の要素を図でかくことが大切だ。例えば閉管の場合は，どんな振動パターンであっても，図をかいて葉っぱ半分の長さを求めてから4倍すると，その波長が計算で求められるよ。

基本振動

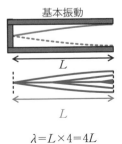

$$\lambda = L \times 4 = 4L$$

3倍振動

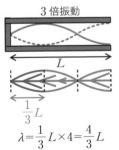

$$\lambda = \frac{1}{3}L \times 4 = \frac{4}{3}L$$

5倍振動

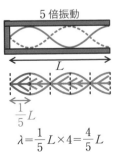

$$\lambda = \frac{1}{5}L \times 4 = \frac{4}{5}L$$

1 波の表し方と波の性質

ここで
動きめる！

📖 波の2つのグラフ（y-x グラフ，y-t グラフ）の意味を
捉えよう。

📖 波の動きをイメージして，物理量と公式を覚えよう！

📖 縦波は媒質の振動方向が違うだけで，本質は横波と同じ！

1 波の動きと媒質の動き

　試合中に行われる応援の一つで，スタジアムで観客が起こす
「ウェーブ」を知っていますか？　テレビで見たことがあるかもしれ
ません。それをイメージしてみましょう。

　次の図のボール一つひとつが観客だと思ってください。全体を見
ると，山と書かれた一番盛り上がったところが右に進んでいくこと
がわかります。

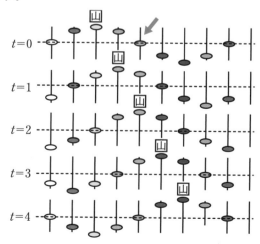

　次に，矢印のピンク色の観客に注目してみましょう。山が左から
来るのに合わせて，ピンクの観客は少しずつ立ち始め，山が通り過

ぎるとまた元の位置に戻っていることがわかります。他の観客も同じように山の来るタイミングで立ったり座ったりしています。決して山と一緒に右に観客が動いているわけではありません。

波を伝えているものを**媒質**といいます。今回の例では，観客が媒質です。水面を伝わる波の媒質は，水分子です。音の波の媒質は空気の粒子です。また，波が発生しているところを**波源**といいます。

2 波を表す2つのグラフ

次に，波を表すために使われている2つのグラフについて見ていきます。図のように，波の盛り上がった部分を**山**，逆にへこんだ部分を**谷**といいます。波は，この山と谷の繰り返しです。次に波の形の動きと，媒質の動きについて見ていきましょう。

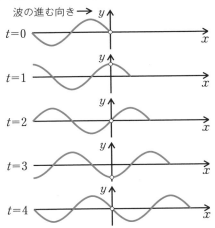

時刻 $t=0$ から $t=4$ に向かって，波が進んでいます。原点の媒質を見てみると，$t=0$ のとき，媒質の高さは0です。その後，上昇して，$t=1$ では媒質は最高点につき，$t=2$ で下におりてきて原点を通ります。さらに $t=3$ で最下点まで下降し，谷の底までいくと，$t=4$ のように原点に戻ってきます。ある媒質が元の状態に戻ってきたとき，「1回振動した」といいます。1回振動すると，1つの波（山と谷の1セット）が通過しているのがわかります。

1つの波が通る＝媒質が1回振動する

$t=0\sim4$ の5つのグラフのように，ある時刻の波の形を示したグラフを y–x グラフといいます。このグラフを見ると，その時刻において，いろいろな場所 x の媒質の高さ y，つまり波全体の形がわかります。ある時刻に撮影した波の写真というようなイメージです。

次に，ある媒質の位置の時間変化が一目でわかる図をかいてみましょう。例えば原点の媒質について作ります。グラフの $t=0\sim4$ の，原点の媒質の位置を抜き出すと，次のようになりますね。

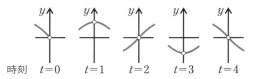

時刻　$t=0$　　$t=1$　　$t=2$　　$t=3$　　$t=4$

横軸に時間 t，縦軸に原点の媒質の高さ y をとってグラフにすると，次のようなグラフになります。

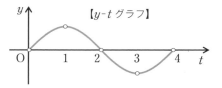

原点の媒質

このグラフを y–t グラフといいます。y–x グラフと形は似ていますが，意味は異なります。y–t グラフは，ある場所（今回は原点）の媒質の位置の時間変化を示しています。このグラフからは，原点の媒質が $t=0\sim4$ の4秒間で1回振動したことがわかります。

次に波を表す物理量について見ていきましょう。y–x グラフは「ある時刻の波の形」を示しています。

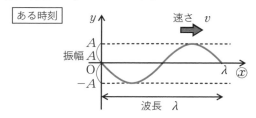

谷と山の波1つ分の長さを**波長**といい，λ（ラムダ）で表します。波の山や谷の高さを**振幅**といい，A で表します。どちらも単位は m です。波が進む速さ v はこの図からは読みとれませんが，右に動いていた場合，右向きに矢印をかきます。単位は m/s です。

次に y-t グラフです。y-t グラフはある場所の媒質の位置の時間変化を示していました。

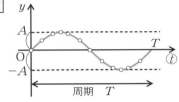

媒質が1回振動するのにかかる時間（＝1つの波がある点を通過する時間）を**周期**といい，T で表します。単位は s（秒）です。

最後に**振動数**（または**周波数**）についてです。振動数とは**1秒間に媒質が何回振動するのか**を表します。振動数は f で表され，単位は Hz（ヘルツ）です。例えば振動数が 2 Hz の波の場合，次の y-x グラフのように原点にある媒質は1秒間で2回振動します。

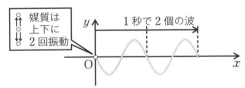

これは原点を波が2個通過したことを示します。つまり，**1秒間に通過する波の数**は振動数と同じです。

1つの波が通り過ぎる時間が周期ですが，2 Hz の場合，2つの波が1秒で通り過ぎたので，1つの波に直せば 0.5 秒となります。この 0.5 秒が周期です。周期と振動数の関係は次の式で示されます。

> **POINT** 振動数と周期の公式
>
> $$f = \frac{1}{T} \quad \left(\text{または } T = \frac{1}{f}\right)$$

3 波の公式

波動分野で最も大切な公式について紹介します。前ページの例で振動数が $2\,\mathrm{Hz}$ ということは，
・「原点の媒質は1秒間に2回振動した」＝「1秒間で原点を2つの波が通過した」
・1つの波の長さは，波長 λ 〔m〕である。よって，1秒間で波は 2λ 〔m〕動いたことになる。

といえます。速さ v 〔m/s〕とは1秒で進む距離のことなので，$v=2\lambda$ ということになります。この2が振動数 f なので，一般的に次の式で表すことができます。

POINT 波の公式

$v=f\lambda$
速さ＝振動数×波長

波動分野の物理量

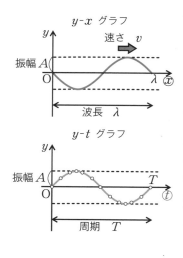

記号	意味	説明
λ 〔m〕	波長	1つの波(山+谷)の長さ
A 〔m〕	振幅	波の高さ
v 〔m/s〕	波の速さ	$v=f\lambda$ 公式
T 〔s〕	周期	・1つの波がある点を通過する時間 ・媒質が1回振動する時間 $T=\dfrac{1}{f}$ 公式
f 〔Hz〕	振動数	・媒質の1秒間の振動回数 ・1秒間にある点を通った波の個数 $f=\dfrac{1}{T}$ 公式

4 　縦波

　今まで見てきた波は「横波」という種類の波です。波にはもう1
つ，「縦波」という波もあります。縦波とはどんな波でしょう。ばね
を押したり引いたりすると，次の図のように密度の高い部分，密度
の低い部分が伝わっていきます。前者を**密**，後者を**疎**といいます。

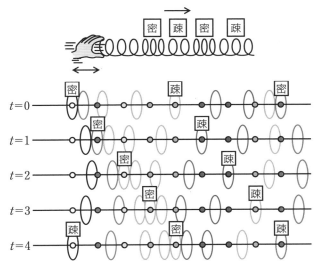

　密の部分を追ってみましょう。$t=0$ で黒い輪の媒質が密になって
おり，$t=1$ では赤い媒質が密に，$t=2$ では黄色い媒質が密に……，
と時間とともに密の部分が右に移動していますね。一つの媒質，た
とえば，いちばん左にある黒い媒質を縦に見ていきます。

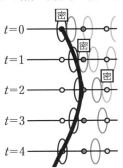

はじめにあった場所を中心に，左右に振動していることがわかります。となりの赤の媒質を見ると，黒の媒質より少し遅れて，同じように左右に振動しています。このように，縦波も媒質自身が疎や密の部分といっしょに動いていくわけではなく，媒質が上下に振動するか（横波），左右に振動するか（縦波）の違いだけです。

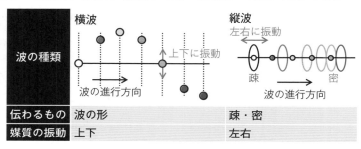

波の種類	横波	縦波
伝わるもの	波の形	疎・密
媒質の振動	上下	左右

5 縦波を横波のように表してみよう！

　次の図は $t=4$ の場面を切りとったものです。縦波は密の部分と疎の部分が伝わっていく波なので，一つひとつの媒質がどこを中心としてどれくらい振動しているのかが，ちょっと見えにくいですよね。

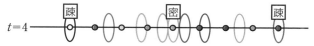

　そこで，縦波をまるで横波のように表現する方法を学びましょう。次の図は $t=4$ のとき，媒質がどれだけ振動の中心となる位置から離れているのかを，矢印を引いて示したものです。

　そして，下のように縦軸を作り，上に「媒質の右方向へのずれ幅の大きさ」を，下に「媒質の左方向へのずれ幅の大きさ」をとります。

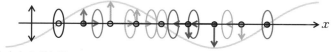

たとえば黄色の矢印のように右に矢印が伸びた場合には，その媒質が中心位置より「右にずれている」ことから，上に矢印を起こします。また，青の矢印のように左に矢印が伸びた場合には，「左にずれている」ことから下に矢印を倒します。このように，右に伸びた矢印は上へ，左に伸びた矢印は下へと向きを変えて，矢印の頭をなめらかな線でつなぐと，このように縦波の情報を持ったままで，横波のように縦波を表すことができます。

　これが，縦波の横波表記です。横波のように見えますが，縦軸が横波の場合とは違うことに注意しましょう。次の図は，縦波と「縦波の横波表記」について，「疎」，「密」の場所を比較したものです。

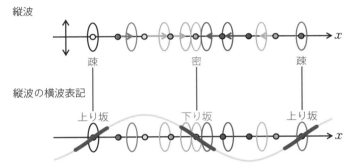

　波が右側に動いているときには，この図のように，横波表記の下り坂には「密」が，上り坂には「疎」が対応しています。また密と次の密（疎と次の疎）の間隔は，縦波の波長です。

(1)　次の各問いに答えなさい。

(i)　次のグラフにおいて，破線で表された波が，2秒後に実線の波の位置まで2 m 右に動いてきました。この波の速さ，振動数を求めなさい。

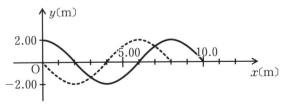

(ii) 次のグラフで示される，波の周期と振動数を求めなさい。

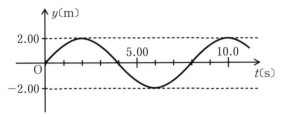

(2) 次の図は，x 軸の正の向きに進む横波を表しています。

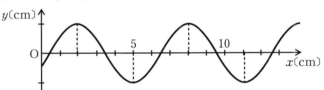

(i) この図の瞬間に，媒質が止まっている場所を x 座標（0 cm～13 cm の範囲）で示しなさい。

(ii) この図の瞬間に，媒質の速さが，下向きに最大になっている場所を x 座標（0 cm～13 cm の範囲）で示しなさい。

(1)(i) グラフから，波長 $\lambda=8.00$ m，振幅 $A=2.00$ m とわかります。

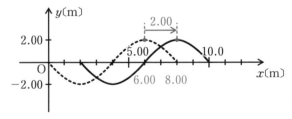

2 つの波の，山の位置に注目しましょう。破線の波の山の位置は 6.00 m，実線の波の山の位置は 8.00 m なので，動いた距離は 2.00 m とわかります。1 秒間で動く距離のことを速さというので，この場合の速さは 2.00 m÷2 s＝1.00 m/s です。

波の速さ 1.00 m/s

次に，振動数 f を求めましょう。波の式に $v=1.00$ m/s と $\lambda=8.00$ m を代入します。

$$\underset{\substack{\uparrow \\ 1.00}}{\textcircled{v}} = f \underset{\substack{\uparrow \\ 8.00}}{\textcircled{λ}}$$

$$f = 0.125 \ \text{(Hz)} \quad \text{答}$$

(ii)　このグラフの横軸を見てください。これは y–t グラフを示しています。つまり，下の図の矢印で示したポイントは周期を示しています。

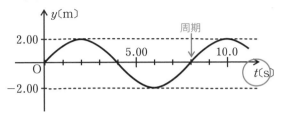

　　このことから周期は 8.00 秒であることがわかります。周期 T と振動数 f の関係より

$$f = \frac{1}{T} \underset{\substack{\uparrow \\ 8.00}}{} = 0.125$$

周期 8.00 秒　　振動数 0.125 Hz　　答

(2)(i)　横波の場合は，媒質は上下に振動しています。このことから，折り返し点である最高点と最下点では，媒質は必ず止まります。このことから考えると，変位 y が最大・最小である点で静止していることになります。

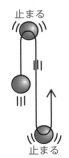

止まっている場所は，$x = 2,\ 5,\ 8,\ 11\ \text{cm}$　　答

(ii)　媒質の速度が最大になるのは，山と谷の中心を通るときです。よって，次の図のように，y 軸の値が 0 になっているところで，

速さは最大になっています。

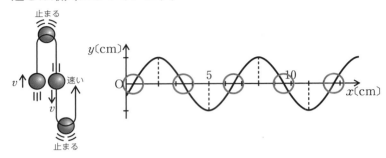

　しかし，「下向き」に最大なのかどうかはわかりません。そこで，波を少し移動方向に動かしてみましょう。「少し」動かすのがポイントです。

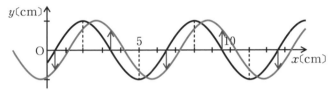

　すると $x=0.5$ の位置の媒質は，次の瞬間に下に移動することがわかります。このように作図をして考えると，赤い丸で囲ったもののうち，下に動くものは $x=0.5$，6.5，12.5 の3つだということがわかります。

　速さが下向きに最大になるのは，$x=0.5$，6.5，$12.5\,\mathrm{cm}$

過去問 にチャレンジ

　縦波について説明した次の文章中の空欄 ア ・ イ に入れる式と記号の組合せとして最も適当なものを，後の①～⑧のうちから一つ選べ。

　図の(i)のように，振動していない媒質に等間隔に印をつけた。この媒質中を，ある振動数の連続的な縦波が右向きに進んでいる。ある瞬間に，媒質につけた印が図の(ii)のようになった。ただし，破線は(i)と(ii)の媒質上の同じ印を結んでいる。また，媒

質が最も密になる位置の間隔は L であった。

そのあと，再び初めて(ii)のようになるまでに経過した時間が T であるならば，縦波が媒質中を伝わる速さは $\boxed{\text{ア}}$ である。

また，(ii)の a，b，c，d のうち $\boxed{\text{イ}}$ の部分では，媒質の変位はすべて左向きである。

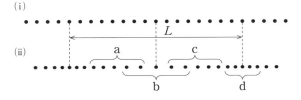

図

	①	②	③	④	⑤	⑥	⑦	⑧
ア	LT	LT	LT	LT	$\dfrac{L}{T}$	$\dfrac{L}{T}$	$\dfrac{L}{T}$	$\dfrac{L}{T}$
イ	a	b	c	d	a	b	c	d

(2022年　第1問　問4)

密と次の密との間隔が L なので，これが波長 λ を示します。

また，$v = f\lambda$，$f = \dfrac{1}{T}$ より，波の速さは，

$$v = \frac{\lambda}{T} = \frac{L}{T}$$

となります。また媒質について(i)と(ii)を比較すると，図のように a の部分にいる媒質の変位が左向きだということがわかります。

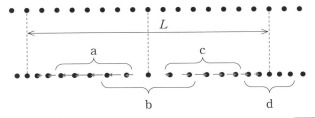

答え ⑤

151

THEME

2 定在波

ここで
きめる!

- 波と波がぶつかったときは高さ方向を足し算すればよい(波
  の重ね合わせ)。
- 反射の作図では,壁の中に波を置いて考えてみる。
- 「定在波,葉っぱ2枚で 1波長」と覚えよう!

1 波の正面衝突と重ね合わせ

両方から同時に同じ高さの「山」を作って,ぶつけてみましょう。
おたがいに進んできた2つの山がぶつかった瞬間,なんと,盛り上
がって高さが2倍になりました!

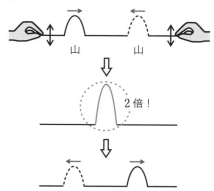

そしてそのあと,何事もなかったかのように,スーっとそのまま
すり抜けて,移動していきます。次に,片方から「山」,もう片方か
ら「谷」を作ってぶつけてみます。2つの波はぶつかった瞬間,消
えてしまいました。

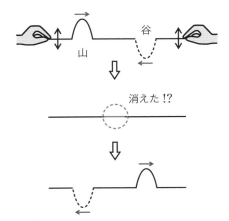

しかし，そのあとは何事もなかったかのように，「山」は右側に，「谷」は左側に通り抜けていきます。次の図で示したように，ぶつかった瞬間では2つの波の**高さのみ**が足し合わされ，大きくなったり，消えてしまったりするのです。

山と山がぶつかった場合

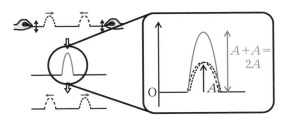

山と谷がぶつかった場合

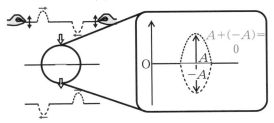

この2つの波が足し合わされた波を**合成波**といいます。この，高さのみの足し算で合成波を表すことができることを，**重ね合わせの**

原理といいます。また，2つの波がぶつかったあとは，それぞれの波はまるで何事もなかったかのように，すり抜けて進んでいきます。このことを**波の独立性**といいます。

　では波を壁にぶつけるとどうなるのでしょうか。たとえば，お風呂で波を起こして，お風呂の壁にぶつけてみましょう。

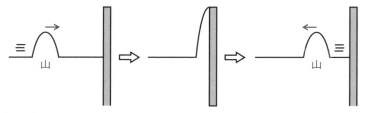

　波は壁にぶつかると，あら不思議！　同じスピードで何事もなかったかのように返っていきます。この現象を**反射**といいます。
　壁にぶつかる前の波を**入射波**，反射された波を**反射波**といいます。反射には上記の例のような**自由端反射**と，もう一つ別の種類の**固定端反射**という，2種類の反射があります。

・そのままの形で返ってくるのが「自由端反射」
　お風呂の例は，自由端反射という種類の反射です。上の図のように，入射波で「山」を作って壁にぶつけてみると，壁にぶつかった瞬間，波の振幅が2倍の高さになり，そのあと，反射波は同じ「山」の形で返ってきます。入射波を「谷」にすると，反射波は「谷」で返ってきます。自由端反射では，このように反射波が入射波と同じ形で返ってきます。

・ひっくり返る「固定端反射」
　今度はひもを用意して，片方の端を手で持ち，もう片方の端を固定して，波を起こしてみましょう。すると「山」で送った入射波は，端までいくとぶつかった瞬間に消えてしまったようになり，そのあとに，ひっくり返って「谷」で返ってきます。また，「谷」を送る

と，「山」で返ってきます。この反射を固定端反射といいます。このように，固定端反射では山や谷の形が反射波でひっくり返ります。

　これらの反射の様子は，2つの波をぶつけた場合と，同じように考えるとうまく説明することができます。

　ためしに，p.152の図の右半分を下じきなどで隠してみましょう。隠れていない部分を見ると，自由端反射とそっくりですよね！　このように考えると，入射波を起こしたと同時に，壁の中に同じ形の波が起きて，壁を境にして入れ替わったと考えることで自由端反射を再現することができます。

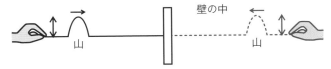

　固定端反射の場合は，2つの山と谷の波をぶつけたときの図 p.153の図の右半分を隠してみてください。同じように考えると，入射波を起こしたと同時に，壁の中で入射波と逆の形の波が起きて，入れ替わったと考えることで固定端反射を再現することができます。

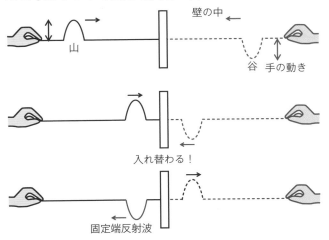

自由端反射・固定端反射それぞれの場合での反射波のようすを作図できるようにしておきましょう。

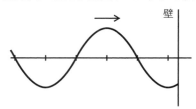

例題　次の図は右方向へ進む入射波のようすを表しています。

（1）　壁が自由端の場合，反射波のようすを表したのは，次の①〜⑥の赤い波のうちどれか，選びなさい。

（2）　壁が固定端の場合，反射波のようすを表したのは，次の①〜⑥の赤い波のうちどれか，選びなさい。

（3）　壁が固定端の場合の合成波のようすを表したのは，次の①〜⑥の赤い波のうちどれか，選びなさい。

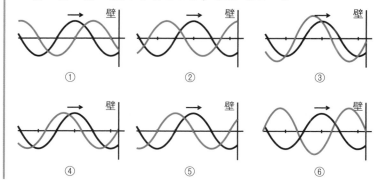

（1）　このような問題の場合には，「壁の中の世界」を考えることがポイントです。反射波の3ステップ解法で解きましょう。

反射波の3ステップ解法

ステップ 1 壁の中の世界に「山」の部分を写しとる

ステップ 2 固定端の場合は「山」をひっくり返して「谷」にする

ステップ 3 壁の中の山（谷）から波をなめらかに伸ばしていく

それではさっそく解いてみましょう。

ステップ 1 **壁の中の世界に「山」の部分を写しとる**

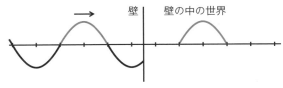

壁の中の世界を考えて，壁を境目にして線対称になるように，山を写しとります。

ステップ 2 **固定端なら「山」をひっくり返して「谷」にする**

自由端反射の場合は，同じ形の波が出てくるので，そのままでOKです。次のステップに進みます。

ステップ 3 **壁の中の山（谷）から波をなめらかに伸ばしていく**

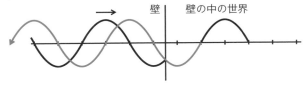

壁の中に作った山から，波をなめらかに伸ばしていきます。これで自由端反射の反射波の完成です！

 答 ①

(2) **ステップ 1** までは先ほどと同じです。

　　固定端反射の場合は，壁の中に写しとった山をひっくり返して谷にします。固定端反射ではひっくり返った波が出てくるためです。

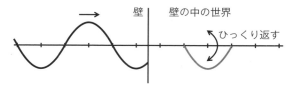

　　壁の中の谷から，なめらかに波を伸ばしていきます。

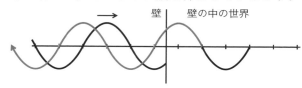

　　これで完成です。　　　　　　　　　　　　　　　　答　⑤

(3)　固定端反射の場合の，入射波と反射波を合成しましょう。次の図において，実線で入射波を，破線で反射波を示しました。重ね合わせの原理から，波は高さ方向のみの足し算となります。図のように A の場所では入射波の振幅しかありませんから，合成すると赤丸をつけた場所になります。B の場所では入射波と反射波それぞれに高さがありますから，足し合わせると，2 倍の青丸をつけたところまで合成波はいきます。

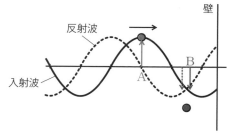

　　このようにして合成波を作図をしていきましょう。また，固定

端反射では反射するところ（壁）の振幅が必ず 0 になることにも注意しましょう。作図をすると，次の図の赤い線で示されるような合成波ができます。

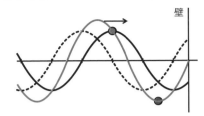

答 ③

3 反射＋波の重ね合わせ＝定在波

お風呂で波を起こし続けた場合を考えてみましょう。波は壁に向かって進んでいき，壁に到達すると反射されて返っていきます。この間にも新たに波が作り出されているので，反射されて返ってきた波は新たな入射波にぶつかり，波の重ね合わせが様々な場所で起こります。

バシャバシャ

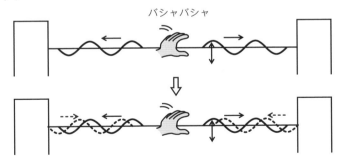

すると，次の図のように，不思議な波が発生します。

定在波

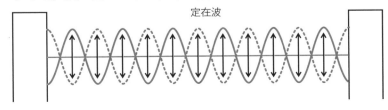

波の左右の動きは止まり，上下に大きく振動する場所と，まった
く振動しない場所ができます。この波を定在波（または定常波）と
いいます。

波なのに振動しない場所ができる
なんて，不思議です。

　定在波ができるしくみを説明するのが次の図です。黒の実線は右
向きに進む入射波を，黒の破線は壁から返ってきた左向きに進む反
射波を示しています。これらを重ね合わせた合成波の線を赤で示し
ました。

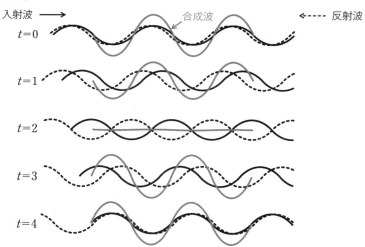

入射波 →　　　　　合成波　　　　　　　← ---- 反射波

$t=0$

$t=1$

$t=2$

$t=3$

$t=4$

　合成波のようすが少しわかりにくいので，$t=0 \sim 4$ までの合成波
を1つの図に重ねてみます。

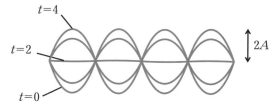

$t=4$

$t=2$

$t=0$

$2A$

　すると，$t=0 \sim 4$ へと時間がたっても，左右には動いていないこ
とがわかります。これが定在波です。上下にバタバタと大きく振動

する部分（振幅は元の波の2倍）と，まったく振動しない部分に分けられます。

　定在波の激しく振動する部分を腹（はら），まったく振動しない部分を節（ふし）といいます。「腹と腹」や「節と節」の間隔は，入射波の波長と比較すると波長の半分，$\dfrac{\lambda}{2}$ になります。

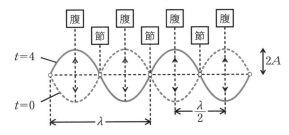

　定在波は，葉っぱがたくさん連なっているように見えます。この葉っぱが2枚そろうと，元の波（入射波や反射波）の1波長になります。「定在波，葉っぱ2枚で　1波長」と五・七・五のリズムで覚えておきましょう。

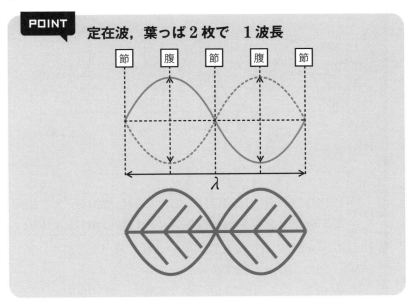

図1のようにクラシックギターの音の波形をオシロスコープで観察したところ，図2のような波形が観測された。図2の横軸は時間，縦軸は電気信号の電圧を表している。また，表1は音階と振動数の関係を示している。

図1

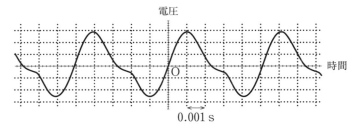

図2

表1

音階	ド	レ	ミ	ファ	ソ	ラ	シ
振動数	131 Hz	147 Hz	165 Hz	175 Hz	196 Hz	220 Hz	247 Hz
	262 Hz	294 Hz	330 Hz	349 Hz	392 Hz	440 Hz	494 Hz

問1 図2の波形の音の周期は何sか。最も適当な数値を，次の①～④のうちから一つ選べ。

① 0.0023   ② 0.0028   ③ 0.0051   ④ 0.0076

また，表1をもとにして，この音の音階として最も適当なものを，次の①〜⑦のうちから一つ選べ。

①　ド　　②　レ　　③　ミ　　④　ファ
⑤　ソ　　⑥　ラ　　⑦　シ

問2　図2の波形には，基本音だけでなく，2倍音や3倍音などたくさんの倍音が含まれている。ここでは，図3に示す基本音と2倍音のみについて考える。基本音と2倍音の混ざった波形として最も適当なものを，次の①〜④のうちから一つ選べ。ただし，図3の目盛りと解答群の図の目盛りは同じとする。

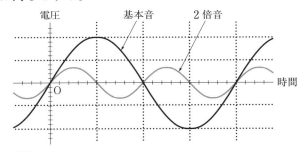

図3

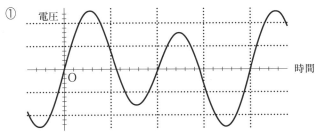

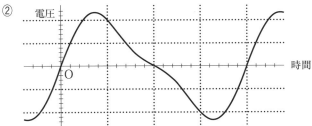

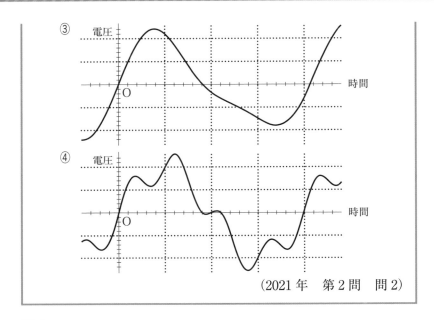

(2021 年　第 2 問　問 2)

問 1

　音については次のテーマで詳しく扱いますが，音も波で説明する
ことができます。図 2 はきれいな波をしているわけではないのです
が，繰り返しのパターンから周期を見ると，次の図で示した長さが
1 周期となりますね。数えると 5 マス分なので

　　　$0.001 \times 5 = 0.005\ \text{s}$

です。最も近い数字は 0.0051 s の③ですね。

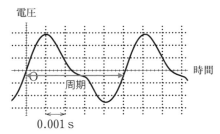

また振動数に直すと

$$f=\frac{1}{0.0051}=196\,\text{Hz}$$

となります。そのため「ソ」であると考えられます。答えは⑤です。

答え ③・⑤

問 2

　基本音と 2 倍音という言葉についてはまだ習っていませんが，「混ざった波形」ということから，高さ方向に足し算をして合成波を考えていきましょう。例えば基本音の方が振幅は大きいので，全体的には基本音と同じような形になるはずです。また 2 倍音の 0，5，10，15，20 のところで高さが 0 になっているので，合成波は基本音の高さが優先されます。

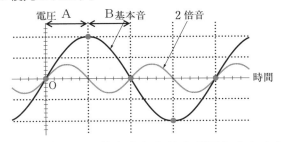

　また図の A の範囲では基本音と 2 倍音が足し合わされてもっと高くなり，B の範囲では 2 倍音が谷になるので，基本音の高さが低くなります。これらのことから②を選ぶことができます。④とで迷う可能性がありますが，2.5 マスのあたりの盛り上がりが，④ではありません。

答え ②

THEME

3 弦・気柱の振動

📖 何はともあれ「定在波，葉っぱ2枚で　1波長」が大切。

📖 定在波の振動パターンをおさえる。
　弦：両サイドが節
　気柱：開いたところが腹，閉じたところが節

📖 気柱の場合には，葉っぱ0.5枚の長さを基本の長さとして
　数えていこう。

1 音の正体

　次の図はふだん目には見えない空気の粒子（酸素分子や窒素分子
など）をボールで示したモデル図です。

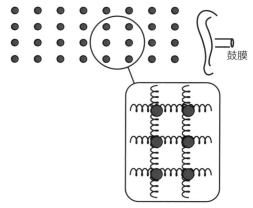

鼓膜

　粒子と粒子は，まるで一つひとつが目に見えないばねで結ばれて
いるような状態になっています。ここで太鼓などの楽器をたたいて，
太鼓のまくが細かく振動すると，次の図のように，空気中の粒子は
左右に振動をはじめ，縦波となり伝わっていきます。

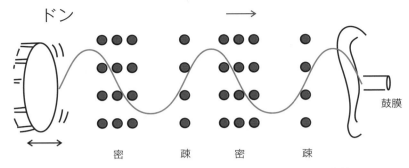

この縦波が耳に届くと，鼓膜が振動して電気信号に変換されて，私たちは音を感じるのです。音は振動であり，媒質が「空気分子」の縦波だったのですね。この音の波を**音波**といいます。なお図の赤い線で示した横波は，縦波を横波表記したものです。

・音の速さ

音の速さ V（音速）は，次の式のように気温 t〔℃〕に比例します。

　　　音速の式　$V=331.5+0.6t$ 〔m/s〕

式を覚える必要はありませんが，常温で音速はおよそ 340 m/s と覚えておくと計算をするときなどに便利です。

・音の高低

音の高い・低いというのは音波の振動数（周波数ともいう）が関係しています。高い音は振動数 f が大きく，低い音は振動数 f が小さいのです。喉に手を当てながら，高い声と低い声を出してみると，手の感覚から振動の様子との関係がよくわかります。

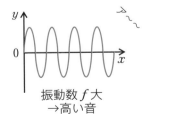

振動数 f 大
→高い音

振動数 f 小
→低い音

・音の大きさ

太鼓を軽くたたくと小さな音が出て、太鼓を強くたたくと大きな音が出ます。つまり太鼓の膜が大きく振動すると、音の振幅が大きくなり、音は大きく聞こえます。

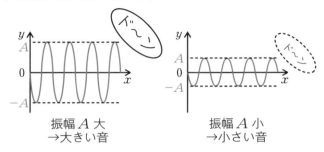

振幅 A 大
→大きい音

振幅 A 小
→小さい音

・音色

同じ高さの「ラ」の音を比べてみても、ギターのラとフルートのラは違ったように聞こえます。発音体特有の音質（音の含み方）があるためです。これを**音色**といいます。これまでに紹介した「高さ」、「大きさ」、「音色」を音の3要素といいます。

・うなり

振動数が少し異なった2つの音を同時に聞くと、音が大きくなったり、小さくなったりして「ウゥンウゥン」と聞こえます。これを**うなり**といいます。次の図は400 Hzの音と、少し振動数の異なる405 Hzの音を、重ね合わせの原理で足し合わせたものです。

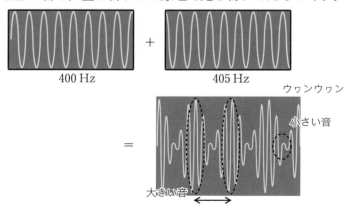

400 Hz   405 Hz

ウゥンウゥン

小さい音

大きい音

音波どうしが少しずつずれながら重ね合わさると，大きな振幅で振動するところ（音が大きくなるところ）と，小さな振幅で振動するところ（音が小さくなるところ）が，ある一定の間隔で連続して起こります。このようにして，耳には「ウゥンウゥン」と大きな音と小さな音が順番に聞こえます。これが「うなり」のしくみです。1秒あたりに聞こえるうなりの回数は，2つの音の振動数の差で求めることができます。

> **POINT** **うなりの式**
> 1秒間に聞こえるうなりの回数 ＝ $|f_1 - f_2|$

今回の場合では，
$$405 - 400 = 5$$
となり，1秒間に5回のうなりが聞こえます。

2 弦の振動と定在波

弦をはじくと，生じた波が両端で反射して，重ね合わせの原理により定在波ができます。

び～ん

反射波　　入射波　　　入射波　　反射波

次の図はその振動パターンを並べたもので，左から基本振動，2倍振動，3倍振動という名前がついています。このような決まったパターンの振動を**固有振動**といいます。また，固有振動の起こる振動数を，**固有振動数**といいます。

基本振動　　　　　2倍振動　　　　　3倍振動

それぞれの固有振動数について考えてみましょう。弦の長さを L

とします。基本振動の場合は，葉っぱが1枚しかありません（「定在波，葉っぱ2枚で1波長」でしたね）。よって，葉っぱ2枚の長さは$L×2＝2L$となります。これが基本振動の波長です。

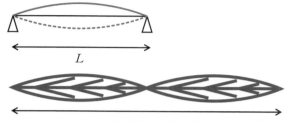

$\lambda = 2L$　（定在波，葉っぱ2枚で1波長）

　同じように2倍振動・3倍振動を見ていくと，2倍振動では葉っぱが2枚入っていますね。「定在波，葉っぱ2枚で1波長」なので，波長はそのままのLとなります。

　3倍振動は，3枚の葉っぱが入っているので，1枚の葉っぱの長さは$\dfrac{1}{3}L$です。「定在波，葉っぱ2枚で1波長」から，2倍して2枚にすると，波長は$\dfrac{2}{3}L$となります。

2倍振動　　　　　　　　　　　　　3倍振動

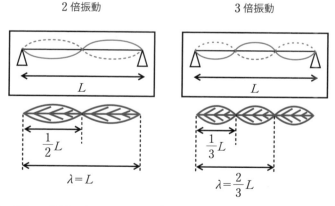

　それぞれの振動パターンの，波長λを求めることができました。弦を伝わる波の速さをvとして（弦を伝わる波の速さは，どの振動パターンでも同じです），波の公式$v＝f\lambda$から$f＝\dfrac{v}{\lambda}$を使って振動数

f を求めます。

	基本振動	2倍振動	3倍振動
絵	L	L	L
λ	$2L$	L	$\dfrac{2}{3}L$
v	v	v	v
f	$f=\dfrac{v}{2L}$	$f=\dfrac{v}{L}$	$f=\dfrac{3v}{2L}$

$\times 2$　$\times 3$

　振動数 f を見ると「2倍振動は基本振動の振動数を2倍した値」，「3倍振動は基本振動の振動数を3倍した値」であることに気がつくと思います。振動の名前は，このように基本振動の振動数をもとにして，「〇倍振動」という名前がつけられています。なお弦を伝わる波の速さ v については，弦の張り方・弦の質量や材質などによって変化します。

　またどの振動パターンでも，弦の長さが長い（L 大）ほど低い音（f 小）が，短い（L 小）ほど高い音（f 大）が発生します。このことは，ギターやピアノで，弦の長さが短くなると，音が高くなることと一致します。

例題 長さ 0.80 m の弦におもりと発振器をつけて，100 Hz の振動を与えたところ，定在波が発生した。弦を伝わる波の波長と，弦を伝わる波の速さを求めなさい。

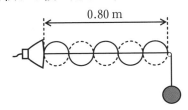

葉っぱの数を数えると，5枚あることがわかります。「定在波，葉っぱ2枚で1波長」なので，1枚分は $0.80\,\mathrm{m}\div5=0.16\,\mathrm{m}$ の長さ，2枚分なら $0.16\,\mathrm{m}\times2=0.32\,\mathrm{m}$ ですね（波長の答え）。

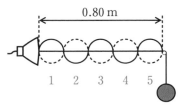

次に「波の公式 $v=f\lambda$」に振動数 $100\,\mathrm{Hz}$ と波長 $0.32\,\mathrm{m}$ を代入しましょう。$v=f\lambda$ より，

$$100\times0.32=32\,\mathrm{m/s}$$

となりますね。

$$\lambda=0.32\,\mathrm{m},\quad v=32\,\mathrm{m/s}$$

3 気柱の振動

管楽器には両サイドが開いた楽器（例：フルート）と，片方の端が閉じた楽器（例：クラリネット）の2種類があります。前者を開管，後者を閉管といいます。この管の中の空気を気柱といいます。

管楽器について音が出る仕組みを見てみましょう。例えば開管に，勢いよく息を吹き込み，音の波（縦波）を起こします。

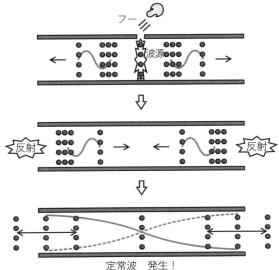

定常波　発生！

　発生した音波は管の口までいくと，その一部は壁がなくても反射
されて返っていきます。弦の場合と同じように反射波どうしは重な
り合って，定在波が発生します。定在波が管の中にできると，音波
の振幅が大きくなり，大きな音が生まれます。このような現象を，
共振または共鳴といいます。

　なお図の赤い線は縦波の横波表記を示します。定在波を示してい
ますが，この場合，管の口で空気の粒子が激しく振動することを示
します。

4 開管の振動パターンと音の高低

　次の図は，開管の中にできる定在波のようすを，単純なものから
順番に並べたものです。

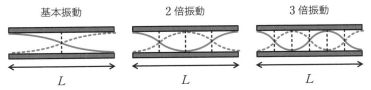

開管の特徴は，両サイドが自由端になることです。すべての振動の両サイドで，定在波の口が開いて，腹（空気が激しく振動する）になります。

　弦の場合と同じように，それぞれの振動パターンにおける，振動数 f を求めてみましょう。まずは波長について，「定在波，葉っぱ2枚で1波長」でしたが，**気柱の場合には葉っぱ0.5枚の長さを基本の長さとしてカウントをして**，その後，基本の長さを4倍して，葉っぱ2枚の長さ，つまり1波長を求めていきます。

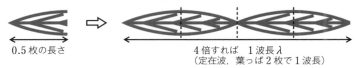

0.5枚の長さ

4倍すれば　1波長 λ
（定在波，葉っぱ2枚で1波長）

　それぞれを見ていくと，基本振動の葉っぱ0.5枚の長さは $\dfrac{L}{2}$ です。同様に，考えていくと次のようになります。

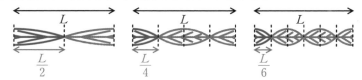

L　　　　L　　　　L

$\dfrac{L}{2}$　　　$\dfrac{L}{4}$　　　$\dfrac{L}{6}$

　続いて，葉っぱ2枚にするために，それぞれ4倍しましょう。

基本振動	2倍振動	3倍振動
$\lambda = \dfrac{L}{2} \times 4$	$\lambda = \dfrac{L}{4} \times 4$	$\lambda = \dfrac{L}{6} \times 4$
$= 2L$	$= L$	$= \dfrac{2}{3}L$

　これで，それぞれの振動パターンの波長を求めることができました。気柱の中で振動しているのは，空気分子そのものなので，波の速さは音速 V とおきました。音速はおよそ $340\,\mathrm{m/s}$ です。（なお，弦の場合は，空気ではなく弦が振動しているので $340\,\mathrm{m/s}$ ではありません）

　このことから，$V = f\lambda$ より $f = \dfrac{V}{\lambda}$ を使って振動数 f を求めると，

次の表のようになります。

	基本振動	2倍振動	3倍振動
絵			
	L	L	L
λ	$2L$	L	$\dfrac{2}{3}L$
v	音速 V	V	V
f	$\dfrac{V}{2L}$	$\dfrac{V}{L}$	$\dfrac{3V}{2L}$

×2　　　×3

　求めた振動数を見ると，3倍振動がもっとも振動数 f が大きくなっており，高い音が出ていることがわかります。また，振動数 f と管の長さ L の関係について見てみましょう。どの振動パターンにおいても，L は分母についています。よって管の長さが長い（L 大）ほど低い音（f 小）が，短い（L 小）ほど高い音（f 大）が発生します。このことは，一般的に長い管楽器は低い音を，短い管楽器は高い音を出すということと一致します。

5 閉管の振動パターンと音の高低

　同じようにして，閉管の振動について見ていきましょう。次の図は，閉管の中に起こる定在波を，基本振動から 3 つ並べたものです。閉管の中にできる定在波のポイントは，管の開いた部分では，自由端反射となり，開管の場合と同じように定在波の口は開いて「腹」になります。また，管の閉じた部分で反射する音波は，媒質が動けないため，固定端反射となり，定在波は閉じて「節」になります。

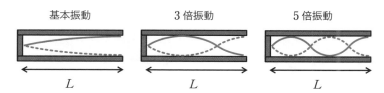

それぞれの振動の名前に注目してください。基本，3倍，5倍となっています。なぜこのような奇数倍の名前になっているのでしょうか。振動数を求めて，考えてみましょう。まずは波長 λ を求めていきます。気柱の場合の基本単位である，葉っぱ 0.5 枚の長さを求めて，4 倍して葉っぱ 2 枚の長さ，つまり波長 λ を求めましょう。次の図のようになります。

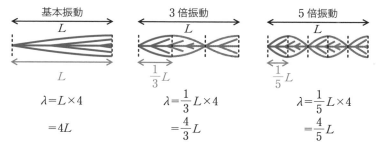

$$\lambda = L \times 4$$
$$= 4L$$

$$\lambda = \frac{1}{3}L \times 4$$
$$= \frac{4}{3}L$$

$$\lambda = \frac{1}{5}L \times 4$$
$$= \frac{4}{5}L$$

開管の場合と同様，音波の速さは音速 V（およそ $340\,\mathrm{m/s}$）です。それぞれ波の速さの公式 $V = f\lambda$ を使って振動数 f を求めると，次の表のようになります。

	基本振動	3倍振動	5倍振動
絵			
λ	$4L$	$\dfrac{4}{3}L$	$\dfrac{4}{5}L$
v	音速 V	V	V
f	$\dfrac{V}{4L}$	$\dfrac{3V}{4L}$	$\dfrac{5V}{4L}$

$\times 3$　　$\times 5$

それぞれの振動パターンの振動数を比較すると，3倍振動は基本振動の振動数の3倍，5倍振動は5倍になっているのがわかりますね。振動名の謎が解けましたね。

6 開口端補正

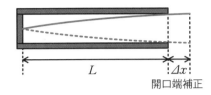

開口端補正

実際に気柱の実験をすると，管の口にある定在波の「腹」の部分（媒質が大きく左右にゆれる場所）は，出口よりもわずかに外側にはみ出ています。このずれの長さを開口端補正といい，Δx で表します。開管でも閉管でも，どちらも起こる現象です。問題文に「ただし，開口端補正は○cmとする」などとあった場合は，$(L+\Delta x)$ として葉っぱの長さの計算をしましょう。断りがない場合は，気にしないで計算をしても構いません。

例題 気柱に空気を勢いよく入れたところ，次のような定在波ができた。この定在波の波長と振動数を求めなさい。ただし，音速は 340 m/s とする。

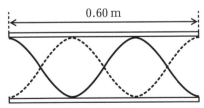

まずは波長から求めます。気柱の場合，葉っぱ0.5枚が基本単位ですね。葉っぱ0.5枚は図中に6つあるので，その長さは $0.60 \div 6 = 0.10$〔m〕です。これを4倍してみましょう。すると，

0.10×4＝0.40〔m〕となり，これが波長です。

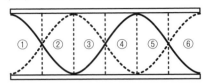

次に，振動数を求めます。$v＝f\lambda$ より，

$$\underset{\underset{340}{\uparrow}}{v} ＝ f \underset{\underset{0.40}{\uparrow}}{\lambda}$$

$f＝850$〔Hz〕

波長 0.40 m　　振動数 850 Hz　

過去問 にチャレンジ

　次の文章は，管楽器に関する生徒 A，B，C の会話である。
生徒たちの説明が科学的に正しい考察となるように，文章中の
空欄 **ア** ～ **ウ** に入れる語句の組合せとして最も適当なも
のを，次の①～⑧のうちから一つ選べ。

A：気温が変わると管楽器の音の高さが変化するって本当かな。

B：管楽器は気柱の振動を利用する楽器だから，気柱の基本振
　　動数で音の高さを考えてみようか。

C：気温が下がると，音速が小さくなるから基本振動数は
　　ア なって音の高さが変化するんじゃないかな。

B：管の長さだって温度によって変化するだろう。気温が下が
　　ると管の長さが縮むから，基本振動数は **イ** なるだろう。

A：どちらの影響もあるね。二つの影響の度合いを比べてみよ
　　う。

B：調べてみると，気温が下がると管の長さは 1 K あたり全長
　　の数万分の 1 程度縮むようだ。

C：音速は 15 ℃では約 340 m/s で，この温度付近では 1 K 下が
　　ると約 0.6 m/s 小さくなる。この変化の割合は 1 K あたり
　　600 分の 1 ぐらいになるね。

A：ということは， **ウ** の変化の方が影響が大きそうだね。
予想どおりになるか，実験してみよう。

	ア	イ	ウ
①	小さく	小さく	音速
②	小さく	小さく	管の長さ
③	小さく	大きく	音速
④	小さく	大きく	管の長さ
⑤	大きく	小さく	音速
⑥	大きく	小さく	管の長さ
⑦	大きく	大きく	音速
⑧	大きく	大きく	管の長さ

（大学入学共通テスト試行調査）

空欄 **ア** ・ **イ**

管楽器の基本振動の振動数は，開管の場合は（p.175）

$$f = \frac{V}{2L}$$

また閉管の場合は（p.176）

$$f = \frac{V}{4L}$$

と表すことができます。どちらの場合もこれらの式から，音速 V が小さくなると，基本振動の振動数 f は小さくなります。

また，気温が下がって管の長さ L が小さくなると，L は分母にあるため，基本振動の振動数 f はどちらの場合も大きくなります。

空欄 **ウ**

気温の低下による「音速 V の変化」と「管の長さ L の変化」は，基本振動の振動数 f に対してそれぞれ別の結果になることが，**ア**・ **イ** の考えからわかります。そこで大切なのが，どちらの影響のほうが大きいのかを比較することです。会話文を見ると，気温が 1 K 下がると，管の長さ L は数万分の 1 縮み，音速 V は 600 分の 1 小さくなるということが書かれています。つまり，音速 V の変化

のほうが影響が大きいことがわかります。

答え ③

SECTION

電磁気

THEME

SECTION4で学ぶこと

ここが問われる！ オームの法則を理解できているか？電気回路を水路モデルでイメージできているか？

電気分野で特に大切な 3 つの物理量，電流・電圧・抵抗の関係を示すのが**オームの法則**。また $I-V$ グラフの傾きは，抵抗値と次のような関係があるよ。

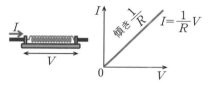

POINT オームの法則

$$V=IR$$

（電圧＝電流×抵抗値）

また，電気回路については，次の 3 ステップに沿えばいろいろな物理量を求められる。特に大切なのがステップ 3 だ。水路モデルを使ってさまざまな回路の様子をイメージできるとよいね。

電気回路の 3 ステップ解法

ステップ 1 抵抗に流れる電流，電圧の大きさをそれぞれ文字でおく

ステップ 2 それぞれの抵抗でオームの法則の式を作る

ステップ 3 電源の電圧や各抵抗にかかる電圧について，水路モデルを意識しながら等式で結ぶ

右手と左手を使い分けられているか？
誘導電流の向きがわかっているか？

右手は「グッド」の形しか使わない。そして，右手の使い方は
2種類ある。どちらも電流の向きと指を先に合わせるのがポイント。

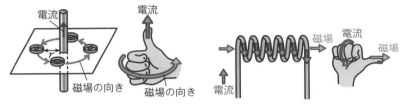

フレミング左手の法則は，その名の通り**左手を使う。**中指の電流
から順番に対応させていくと，導線が動く向きがわかるよ。

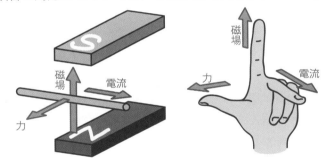

コイルは貫く磁力線を一定に保とうとする性質がある。

例えば，次の図のようにNが近づいてきたら上向きの磁場を作ろ
うとして電流が流れるし，遠ざかれば下向きの磁場を作ろうとする。

右手の親指を合わせることで，流れる電流の向きがわかるよ。

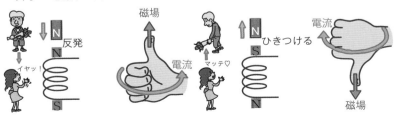

1 電流とその流れ

ここで
きめる!

- 📖 オームの法則について，水路モデルとともに理解をしておこう。
- 📖 抵抗のイメージは水道管。流れにくいほど抵抗は大きい。
- 📖 電力量の式を変形できるようにしておこう。

1 電子と電荷

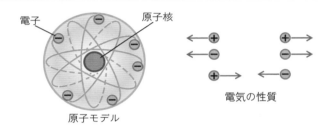

電子　原子核

原子モデル　電気の性質

　すべての物質は原子からできています。原子は中心にプラスの電気を持つ陽子を含んだ原子核と，そのまわりに存在するマイナスの電気を持つ電子からできています。

　最もシンプルな構造をしている水素の原子は，中心に陽子が1個あり，そのまわりを電子が1個飛び回っています。ヘリウムは陽子が2個あり電子も2個，リチウムなら陽子が3個あり電子も3個……のように，陽子の数が増えると飛び回る電子の数も増え，原子の名前や性質が変わります。

　プラスの電気を持つ陽子1個と，マイナスの電気を持つ電子1個は，符号が逆ですが，電気の大きさは同じです。そのため原子は通常の状態では，陽子と電子を同じ数ずつ持っているので，原子全体の電気の和は0です。しかし，例えば下じきで頭をこすると，髪の毛を構成する物質の一部から，電子が引きはがされて，下じきに移ってしまうことがあります。

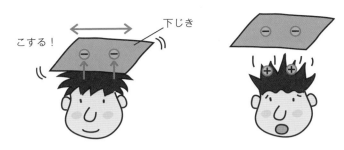

下じきは−に，髪の毛は＋に，電気を帯びる

　こうなると，下じきはマイナスの電気を持った電子が過剰になるため，マイナスの電気を帯びます。電子が1つ下じきへ移動する様子を図と数式で表すと，次のようになります。

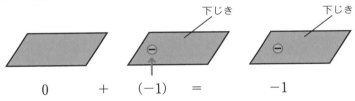

| 0 | + | (−1) | = | −1 |

下じきの電気ゼロ　　　　電子の移動　　　　下じきの電気がマイナス

　また，電子をあげた髪の毛のほうは，電気がゼロの状態からマイナスの電気である電子が出ていってしまったため，結果としてプラスの電気を帯びます。

| 0 | − | (−1) | = | +1 |

髪の毛の電気ゼロ　　　　電子が逃げる　　　　髪の毛の電気はプラス

　電気には同符号の電気はおたがいに反発し，異符号の電気はおたがいに引き合う性質があります。この電気の力を**静電気力**といいます。このようにしてプラスの電気を持つことになった髪の毛と，マイナスの電気を持つことになった下じきは，静電気力によって引き合うというわけです。

下じきや髪の毛のように，物体が電気の性質を持つことを**帯電**といいます。また，物体が持つ電気を**電荷**といいます。そして，電荷が持つ電気の量を**電気量**といい，Q で表します。

　電気量 Q の単位は C（クーロン）を使います。電子の移動によって電気が発生するので，電気の最小単位は，電子 1 個が持つ電気量で，これを**電気素量**といいます。電気素量は 1.6×10^{-19} C という値であることが知られています。

2 　電流

　電池と豆電球を導線でつなぐと，導線には電気が流れ，豆電球は光ります。

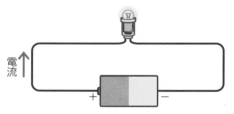

電流

　このとき導線に流れているものを電流といいます。電流が発見された当初，電流の正体はよくわかっていませんでした。そのため，プラスの電気を持った粒子が，電池のプラス極から出て導線を通り，マイナス極に入り込む，これが電流であるときめて，使うことになりました。しかし，この考えかたは，誤りであったことが，あとになってわかります。次の図のように，電流の正体は電子の流れで，電子が電池のマイナス極から出て，導線を通り，プラス極に流れていたのです。電流の正体がわかったあとも，電流は使われ続けています。

　昔の定義のまま使っていて，大きな問題は起こらないのでしょうか。

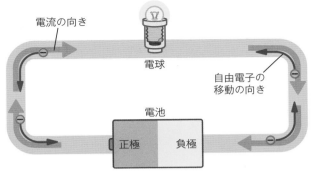

次の図はマイナスの電気である電子が順番に左方向に動いていく様子を表しています。これが実際に導線の中で起こっている電子の流れのモデル図です。プラスは金属の原子核を示しており，動くことはありません。

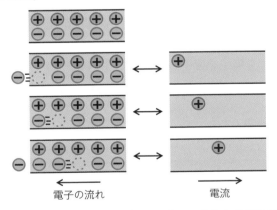

ここで，マイナスとペアになれていないプラスの原子核に注目すると，プラスの電気が右向きに移動しているように見えるのがわかります。このように，実際にはマイナスの電気を持つ電子の流れる向きは左方向ですが，電子と同じ電気量を持つプラスの電荷が右に流れたと考えても「電気量」の移動としては同じことになります。つまり，プラスの電荷が反対向きに流れていると考えても，計算上はまったく問題はないのですね。

3 電流の大きさとその単位

電流の大きさは次のように，単位時間あたり（1秒間）に導体の断面を通過する電気量で定義されています。

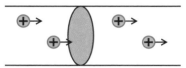

> **POINT** **電流と電気量の式**
>
> $I=\dfrac{q}{t}$ 〔A〕
>
> $\left(電流＝\dfrac{電気量}{時間}\right)$

1秒あたりに，ある場所を通過した電気量が電流の大きさになります。電流は文字 I を使い，また単位は A（アンペア）を用います。

$I=\dfrac{q}{t}$ を式変形すると $q=It$ となります。1 C（クーロン）は，「1 A の電流が1秒間流れたときに移動する電気量」です。

4 オームの法則

電気回路とは，電池や電熱線・豆電球などがつながれた，次の図のような一つなぎの導体のことです。電気回路に電流を流そうとするはたらきを**電圧**といい，文字 V を使い，また単位にも V（ボルト）を使います。V〔V〕のように使います。図のような一般的な電池の電圧は，大きさによらず1.5 V ですので覚えておきましょう。電池と電熱線を導線で結んで，電熱線に電圧をかけると，電流が流れて電熱線が熱くなります。

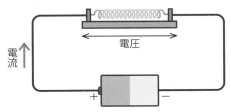

　電気回路を図示するとき，回路記号を用いることがあります。電池の回路記号は次の図のように，線が長いほうが＋極，短いほうが−極です。電熱線をはじめとする抵抗とよばれる素子（回路を構成する部品）は，長方形をかいて表現します。

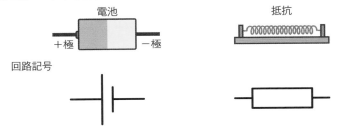

　先ほどの電気回路を回路記号で表すと，次のようになります。

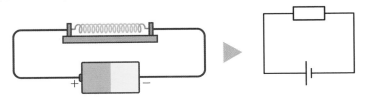

　電池を複数個用意するなどして，電圧をいろいろと変えて，抵抗（電熱線）に流れる電流を計り，$I-V$ グラフにまとめると，次の図のように電圧と電流は比例し，一次関数で表されます（R は定数）。このような関係をオームの法則といいます。

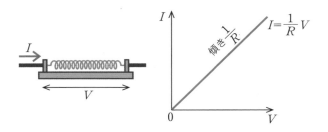

POINT
オームの法則

$V=IR$

（電圧＝電流×抵抗値）

比例定数 R は電流の流れにくさを表す量で抵抗値といいます。単位には Ω（オーム）を用います。オームの法則の式（$V=IR$）を式変形すると $I=\dfrac{1}{R}V$ となりますが，**$I-V$グラフの傾きは $\dfrac{1}{R}$ を示します。**

5 水路モデルによる電気回路のイメージ

電気回路について，電気は目に見えないため，水路のモデルを使ってイメージしてみましょう。このモデルでは，電池は水を高い場所まで運ぶためのポンプ，＋の電荷は水分子，抵抗は水車と考えます。電池をつながずに抵抗（電熱線）と導線をつないで回路を作っても，電熱線は熱くなりません。これは水平な地面の上に水路と水車をつないだ，次のようなイメージと同じです。水車は動きません。

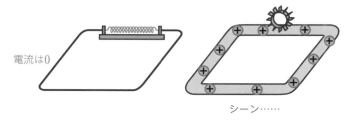

電流は0

シーン……

この回路に電池を入れたときの様子が，次の図となります。

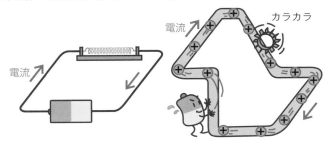

　電池はプラスの電荷を高い場所まで運ぶ（電荷に位置エネルギーをあたえる）ポンプの役割をしています。

　例えば $1.5\,\mathrm{V}$ の電圧であれば，$1.5\,\mathrm{V}$ の高さまで電荷を持ち上げることができます。高い場所に持ち上げられた水（プラスの電荷）は低い場所に向かって流れはじめます。そして滝と水車が抵抗で，水流を使って水車が回るのと同じように，電荷の持つ位置エネルギーを使って抵抗は仕事をします。この仕事が熱や光となるため，電熱線は熱くなります。

　実際，水車が回転したからといって水の量が減ったりしないのと同じように，抵抗を通ったからといってプラスの電荷が減るわけではないことに注意しましょう。

6 　電気抵抗の公式

　導線を流れるプラスの電荷の立場になってみると，抵抗は流れを妨げる部分です。抵抗値は，抵抗の長さ L が長いほど大きくなります。また，抵抗の断面積 S が大きいほどプラスの電荷は流れやすい，つまり抵抗値は小さくなります。水道管を流れる水も同じですね。抵抗の断面積の大きさと，抵抗値の大きさは反比例の関係にあるのです。

これらのことを数式にまとめると，抵抗値 R は次のように表され
ます。

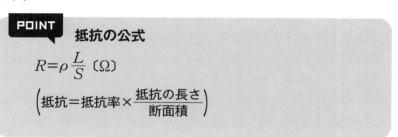

POINT **抵抗の公式**

$$R = \rho \frac{L}{S} \text{ (}\Omega\text{)}$$

$$\left(抵抗 = 抵抗率 \times \frac{抵抗の長さ}{断面積} \right)$$

ρ を**抵抗率**といいます。抵抗率はその素材による電流の流れにく
さを示します。たとえば，銅の抵抗率は 1.7×10^{-8} 〔$\Omega \cdot$m〕，鉄の
抵抗率は 1.0×10^{-7} 〔$\Omega \cdot$m〕という具合です。

金属は原子の間を自由に動くことのできる電子（これを自由電子
という）を持っているため，電流が流れやすい性質があります。こ
のような物質を**導体**といいます。一方で，ゴムのような自由電子を
持たない，電流が流れにくい物質を**不導体**といいます。導体と不導
体の中間の抵抗率をもっている物質，ゲルマニウムやシリコンなど
を**半導体**といいます。

7 **ジュール熱・電力量の公式**

ホットカーペットやアイロンは，抵抗に電流を流したときに発生
する熱を利用しています。科学者のジュールは，抵抗に電流を流し
たときに発生する熱（ジュール熱 Q）と，流した電流 I や導線にか
けた電圧 V との関係を調べました。その結果，次の式で表せること

がわかりました。

$Q=IVt$

（ジュール熱＝電流×電圧×時間）

　単位は J（ジュール）を使います。また電気は熱エネルギー以外にも，モーターを回すなど，いろいろな用途で電気エネルギーを使用します。ある時間に使用した電気エネルギーの総量を**電力量**といい，次の式で表すことができます。

> **POINT** **電力量の式**
>
> $W=IVt$〔J〕
>
> （電力量＝電流×電圧×時間）

　この I，V，t の 3 つの要素についても，水流でイメージしてみましょう。水車の回転量が変換されるエネルギー量です。水路から水を落として，水車を回したい，つまり電気エネルギーを取り出したいとします。水車をより速く，もしくは，よりたくさん回すには，次の 3 つの方法があります。

・水路を流れる水を増やす→電流 I を大きくする（①）

・水路の高さを高くする　→電圧 V を大きくする（②）

・長い時間，水を水車に当てる→時間 t を長くする

---

① 水の量を増やす⇒電流⦿　　② 高くする⇒電圧⦿

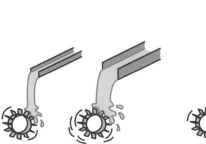

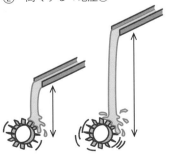

　これが電力量に I，V，t の 3 つの要素が関わっていることのイ

メージです。また，電流と電圧の積の IV を**電力**といい，P で表します。

電力の単位は W（ワット）を使います。電力量について，電力やオームの法則（$V=IR$）を使うと，いろいろな文字で表すことができます。

$$W=Pt=IVt=RI^2t=\frac{V^2}{R}\,t$$

次に，$W=Pt$ を P について解いてみましょう。

$$P=\frac{W}{t}$$

　　電力　＝　電力量　÷　時間

この式のように，電力とは 1 秒間で使用する電気エネルギーの量（電力量）を示します。電力は力学で学んだ仕事率と同じものを示していますね。たとえば 100 W の電球というのは，1 秒で 100 J のエネルギーを使う電球ということになります。電力の単位は組立単位の J/s です。〔J/s〕=〔W〕なんですよ。

電気料金の請求書を見ると kWh（キロワット時）という単位が書かれています。これは J ではありませんが，同じエネルギーの量を示す単位です。k（キロ）は 1000 を示す接頭辞，Wh（ワット時）とは電力（W）と時間（h）を掛け合わせたもので，たとえば 100 W の電球を 1 時間つけているとすると，電力量は
100 Wh=0.1 kWh となります。電力会社によって，また契約の基本料金など計算方法はいろいろありますが，例えば 1 kWh あたり 30 円というように決められており，使用した量に応じて電気代を払っています。

過去問にチャレンジ

次の文章中の空欄 **1** に入れる語として最も適当なものを, その直後の { } から一つ選び, 空欄 **2** に入れる最も適当な向きを, 下の①~⑧のうちから一つ選べ。

長さ L の絶縁体の棒の両端をそれぞれ電気量 q と $-q$ ($q>0$) に帯電させ, 図1のように, 棒の中心を点Aに固定し, xy 平面内で自由に回転できるようにした。まず, 電気量 Q に帯電させた小球を y 軸上の点Bにおくと, 棒が静電気力の作用でゆっくりと回転し, 図1に示す向きになったので, Q の符号は **1** { ① 正 ② 負 } であることがわかった。次に, 小球を y 軸に沿って点Cまでゆっくり移動させると, 棒に描かれた矢印の向きは **2** になった。

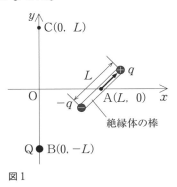

図1

(2021 年第1問　問2)

棒のマイナスの端が小球に引き寄せられてきたため，小球はプラスに帯電していたと考えられます。 1 の答えは①ですね。

また y 軸に沿ってゆっくり移動させていけば，棒は図のようになるため，描かれた矢印の向きは，⑧の方を向くことになります。

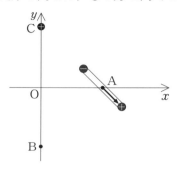

答え ①・⑧

過去問 にチャレンジ

（p.88 の大問の続きの問題）

次の文章中の空欄 1 ・ 2 に入れるものとして最も適当なものを，直後の ｛ ｝ で囲んだ選択肢のうちから一つずつ選べ。

王　女：ならば，スプーン A とスプーン B の電気抵抗 R を測定して，さらにはっきりと判別してみせましょう。

王女はスプーン A から針金 A を，スプーン B から針金 B を，形状がいずれも

　　　断面積　$S = 2.0 \times 10^{-8}\,\mathrm{m}^2$　　**長　さ**　$l = 1.0\,\mathrm{m}$

となるように作製した。この針金の両端に電極をとりつけ，両端の電圧 V と流れた電流 I の関係を調べた。破線を針金 A，実線を針金 B として，その実験結果を図 1 に示す。

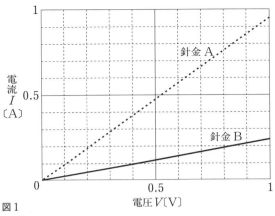

図1

王　女：図1の結果を見てみなさい。針金Aと針金Bの電気
抵抗はまったく違います。この結果から，針金Bの電
気抵抗 R はおよそ $\boxed{1}$
$$\left\{\begin{array}{ll} ① & 4.1\times10^{-1}\ \Omega \\ ② & 2.4\ \Omega \\ ③ & 4.1\ \Omega \\ ④ & 2.4\times10^{1}\ \Omega \end{array}\right\}$$
であるこ
とがわかります。また，その抵抗率 ρ を，ρ と R の間
の関係式 $\boxed{2}$
$$\left\{\begin{array}{ll} ① & \rho=\dfrac{1}{R}\dfrac{l}{S} \\[2mm] ② & \rho=\dfrac{1}{R}\dfrac{S}{l} \\[2mm] ③ & \rho=R\dfrac{l}{S} \\[2mm] ④ & \rho=R\dfrac{S}{l} \end{array}\right\}$$
を用いて求めると，
その値は資料集に記載された金の抵抗率と明らかに違
うことがわかります。一方，針金Aの抵抗率を計算す
ると金の抵抗率と一致します。ですから，針金Bは純
金製ではありません！
細工師があわてて逃げ出したところで幕が下りた。

（2022 年第 3 問　問 3）

オームの法則より，$I-V$ グラフの傾きは $\dfrac{1}{R}$ を示すので，針金 B の傾きを求めてみましょう。ほぼ（0.4, 0.1）を通っています。I が 0 から 0.4 増加すると，V が 0 から 0.1 A 増加しているので，

$$傾き＝\frac{0.1}{0.4}＝\frac{1}{4}$$

となり，抵抗値は $4\,\Omega$ 付近であるということがわかります。答えは最も近い $4.1\,\Omega$ の③ですね。なお，針金 A の抵抗値も同様にして調べると，ほぼ（0.1, 0.1）を通っているので，$1\,\Omega$ 付近であると考えられます。

答え ③

抵抗の式 $R=\rho\dfrac{l}{S}$ を用いて，ρ について式変形をすると，

$$\rho=R\frac{S}{l}$$

となりますね。

答え ④

2 直列接続と並列接続

ここで
きめる！

📖 直列と並列のポイントをおさえる。
📖 水路モデルを使って，電流と電圧の関係式を作ろう。
📖 抵抗の数に合わせて，オームの法則の式を作る。

1 抵抗のつなぎかたと電気エネルギーの関係

　図の①〜③は，それぞれ異なる方法で，電池と豆電球を導線でつないだものです。②は2つの豆電球を直列につないだときのようすです。豆電球はたしかに光りますが，①の場合に比べて1つの豆電球の明るさは暗くなります。2つ光らせているのだから当たり前のように感じますが，③のように2つの豆電球を並列につなぐと，なんとどちらの豆電球の明るさも，①のときと同じくらい明るくなります。なぜこのようなことが起こるのでしょうか。

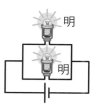

①　　　　　　　②直列　　　　　　　③並列

　回路を水路モデルで立体的に見てみましょう。電池をポンプ，回路を水路，豆電球を水車として，イメージしてくださいね。

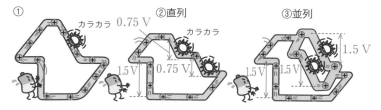

①　　②直列　　③並列

　電池が同じなら，ポンプの性能は皆同じなので，①〜③のどれも

1.5 V の高さまで電荷を持ち上げることができます。②のように直列に接続した場合は，1.5 V の電圧は 2 個の豆電球でシェアされて，0.75 V ずつとなります。豆電球で使われる電力は，$P=\dfrac{V^2}{R}$ の V が小さくなるので，電力も小さくなる，つまり豆電球は暗くなってしまいます。③のように並列に接続した場合には，それぞれの豆電球に電池の電圧 1.5 V を使うことができます。そのため豆電球 1 つあたりの電力は同じで，明るさは変化しません。

> ということは，並列につないだほうがお得に電池を使えるってこと？

デメリットもあります。2 つの道が 1 本になったところの導線には，その分電流が多く流れ込み，電池（ポンプ）はより多くのプラスの電荷（水）を高いところまで運ぶ必要があります。そのため，多くの仕事をしなければならないので，電池の寿命が短くなってしまうのです。

なお，家庭での電源タップの複数の口はすべて並列接続になっています。このため多くの家電をつなぎすぎる（タコ足配線）と，電流の許容量を超えてしまい，火災の原因になることがあります。

2 合成抵抗

2 つの抵抗を 1 つの抵抗とみなしたものを**合成抵抗**といいます。合成抵抗の値を求められる公式を紹介します。回路の問題を素早く解く際に活用できますよ。

POINT 合成抵抗の公式
直列接続の合成抵抗の公式

$$R_合 = R_1 + R_2$$

並列接続の合成抵抗の公式

$$\frac{1}{R_合} = \frac{1}{R_1} + \frac{1}{R_2}$$

　この2つの公式を導出してみます。導出をする中で必要な回路の知識についても紹介するので，公式を覚えると同時に導出方法もおさえてください。

　直列接続の合成抵抗から導出してみましょう。水路モデルで考えます。

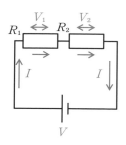
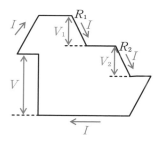

　図のように抵抗値 R_1 〔Ω〕と R_2 〔Ω〕の2つの抵抗を，電圧 V 〔V〕の電池と直列に接続したとします。<u>それぞれの抵抗には同じ電流が流れますから，電流はどちらも I 〔A〕ですね（同じ水が流れると思ってください）</u>。それぞれの抵抗について「オームの法則」を適用します。R_1 にかかる電圧を V_1 〔V〕，R_2 にかかる電圧を V_2 〔V〕とすると，

　　　$V_1 = IR_1$ ……①
　　　$V_2 = IR_2$ ……②

　電池からもらった高さ（V 〔V〕）は2つの抵抗で段階的に下っていくので，

　　　$V = V_1 + V_2$ ……③

③の式に①と②を代入して

$$V=IR_1+IR_2$$
$$V=I(R_1+R_2) \quad \cdots\cdots ④$$

ここで，次の図のように 2 つの抵抗を合わせて，抵抗値 $R_合$〔Ω〕の 1 つの抵抗と考えます。この回路の「オームの法則」は，次のようになります。

$$V=IR_合 \quad \cdots\cdots ⑤$$

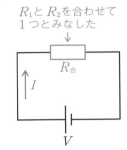

R_1 と R_2 を合わせて
1 つとみなした

$R_合$

I

V

④式と⑤式を見くらべてみましょう。1 本にまとめた合成抵抗 R にあたる部分は

$$R_合=R_1+R_2$$

となりますね。抵抗値 R_1，R_2 の 2 つの抵抗を直列につなぐというのは抵抗値 $R_合$（$=R_1+R_2$）の 1 つの抵抗をつないだのと同じということです。これが直列接続の合成抵抗の公式の導出です。直列接続のポイントについてまとめておきましょう。

POINT 　**直列接続のポイント**

1. 2 つの抵抗に流れる電流量は等しくなる。

　　　$I_A=I_B$

2. 2 つの抵抗にはたらく電圧を合わせると，電源電圧と等しくなる。

　　　$V_A+V_B=V_{電源}$

3. 電圧は異なる場合が多い。抵抗値が大きい抵抗ほど，大きな電圧がはたらく。

ポイント3については，1の性質があるために，抵抗値が大きな抵抗にはその分の大きな電圧を割り振らないと，同じ量の電流を流せないからです。

　次に，並列接続の合成抵抗の公式を導出してみましょう。水路モデルは次の通りです。

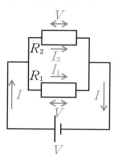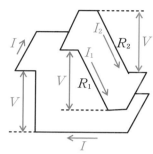

　並列接続の場合は，電流がそれぞれの抵抗に枝分かれするので，2つの抵抗に同じ量の電流（水流）が流れているとは限らないので，抵抗値 R_1 の抵抗に流れる電流を I_1〔A〕，抵抗値 R_2 の抵抗に流れる電流を I_2〔A〕とおきます。なお，電池でもらった V〔V〕の高さは，2つの抵抗でどちらも V〔V〕を使うことができます。

　それぞれの抵抗について「オームの法則」を適用します。

$$V = I_1 R_1 \quad \cdots\cdots ①$$
$$V = I_2 R_2 \quad \cdots\cdots ②$$

　回路全体を流れる電流を I〔A〕とすると，I が I_1 と I_2 の2つの流れに分かれたので，

$$I = I_1 + I_2 \quad \cdots\cdots ③$$

となります。水路の中で分岐があっても，水量は分岐前と分岐後で変化しません。電流も同じです。

　①式，②式を I について展開すると，$I_1 = \dfrac{V}{R_1}$，$I_2 = \dfrac{V}{R_2}$ なので，これを式③に代入すると，

$$I=\left(\frac{1}{R_1}+\frac{1}{R_2}\right)V \quad \cdots\cdots ④$$

となります。ここで並列につないだ2つの抵抗を1つの抵抗とみなし、合成抵抗を$R_合$とします。回路全体を流れる電流Iは、合成抵抗Rを使って考えるとオームの法則$V=IR_合$より

$$I=\frac{1}{R_合}\times V \quad \cdots\cdots ⑤$$

④式と⑤式を見くらべると、

$$\frac{1}{R_合}=\frac{1}{R_1}+\frac{1}{R_2}$$

これでできました。並列接続のポイントについてまとめておきましょう。

POINT 並列接続のポイント

1. 2つの抵抗にはたらく電圧は等しくなる。

   $$V_A=V_B$$

2. 2つの抵抗に流れる電流を合わせると、電源に流れる電流と等しくなる。

   $$I_A+I_B=I_{電源}$$

3. 抵抗値が小さな抵抗には、大きな電流が流れる。

ポイント3については、1の性質があるために、電圧(電流を流そうとする性質)が2つの抵抗で同じなので、抵抗値のより小さい抵抗には、電流が多く流れるからです。

例題

(1) 次の図のように、2つの抵抗と電源を使って回路を組んだ。このとき、回路に流れる電流の大きさを求めなさい。また4.0 Ωの抵抗にかかる電圧を求めなさい。

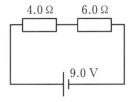

(2) 次のように3つの抵抗を使って回路を組みました。回路全体に流れる電流と，20 Ωの上部の抵抗にかかる電圧を求めなさい。

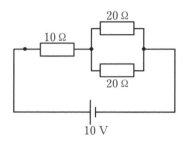

(1) このような問題を解くときには，電気回路の3ステップ解法を使って解きましょう。

POINT **電気回路の3ステップ解法**

ステップ ❶ 抵抗に流れる電流，電圧の大きさをそれぞれ文字でおく

ステップ ❷ それぞれの抵抗でオームの法則の式を作る

ステップ ❸ 電源の電圧や各抵抗にかかる電圧について，水路モデルを意識しながら等式で結ぶ

ステップ ❶ 抵抗に流れる電流，電圧の大きさをそれぞれ文字でおく

今回は電流が枝分かれしていないので，それぞれ同じ記号 I でおきました。電圧はそれぞれ V_1 と V_2 とおきました。

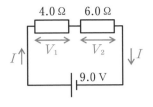

ステップ❷ **それぞれの抵抗でオームの法則の式を作る**

それぞれの抵抗についてオームの法則を作っていきます。

A の抵抗：$V_1 = I \times 4.0 = 4.0I$ ……①

B の抵抗：$V_2 = I \times 6.0 = 6.0I$ ……②

ステップ❸ **電源の電圧や各抵抗にかかる電圧について，水路モデルを意識しながら等式で結ぶ**

直列の水路モデルをイメージすると，2 つの抵抗で 1 つずつ水車があり，電圧は消費されています。よって電池の電圧は V_1 と V_2 を足したときに等しいはずです。

$9.0 = V_1 + V_2$ ……③

3 つの式ができました。③式に①式と②式を代入しましょう。

$9.0 = 4.0I + 6.0I$

$I = 0.90$〔A〕

次に，4.0 Ω の抵抗にかかる電圧についてです。これは V_1 のことですから，①式の I に 0.90 を代入しましょう。

$V_1 = 4.0 \times 0.90 = 3.6$〔V〕 答

合成抵抗の公式を使った解き方についても紹介します。直列接続の合成抵抗の公式 $R = R_1 + R_2$ から，4.0 Ω と 6.0 Ω の抵抗をまとめると，10 Ω となります。回路全体に流れる電流を I としてオームの法則 $V = IR$ を作ると

$9.0 = I \times 10$

これを解くと，0.90 A となります。直列接続の公式を使って解いたほうが，全体に流れる電流は簡単に解けましたね。ですが，個別の抵抗について考えるときには，結局それぞれの抵抗につい

てオームの法則を作らなければいけません。

0.90 A, 3.6 V

⑵ 3つも抵抗が出てきました！　でも安心してください。「電気回
路の3ステップ解法」を使えば簡単に解けます。

ステップ❶　**抵抗に流れる電流，電圧の大きさをそれぞれ文字でお
く**

次の図のように，10 Ω の抵抗に流れる電流 I_1 は枝分かれをす
るので，I_2 と I_3 でおきました。また I_1，I_2，I_3 の関係式も作って
いきましょう。

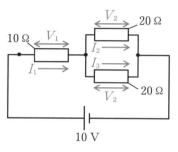 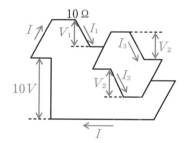

$$I_1 = I_2 + I_3 \quad \cdots\cdots ①$$

また 20 Ω の抵抗どうしは並列に接続されており，抵抗にかか
る電圧は，水路モデルをイメージすると，図のように同じ高さに
なるので，同じ V_2 でおきました。

ステップ❷　**それぞれの抵抗でオームの法則の式を作る**

オームの法則

$$\boxed{V = I \quad R}$$

10 Ω の抵抗について　　　　：$V_1 = I_1 \times 10 \quad \cdots\cdots ②$
20 Ω の上の抵抗について：$V_2 = I_2 \times 20 \quad \cdots\cdots ③$
20 Ω の下の抵抗について：$V_2 = I_3 \times 20 \quad \cdots\cdots ④$

ステップ❸　**電源の電圧と，各抵抗にかかる電圧について，水路モ
デルを意識しながら等式で結ぶ**

水路モデルでイメージをすると，電池が持ち上げた $10\,\mathrm{V}$ の高さ（電圧）を，まずは $10\,\Omega$ の抵抗にかかる電圧 V_1 だけ落ちて，次に $20\,\Omega$ の抵抗にかかる電圧 V_2 だけ落ちて，下まで届きます。高さを考えながら式を作ると

$$V_1 + V_2 = 10 \quad \cdots\cdots ⑤$$

　これで式がそろいました。①～⑤までの式をうまく連立させて，解いていきます。まずは③式と④式の左辺が同じなので，右辺を等式で結びましょう。

$$I_2 \times 20 = I_3 \times 20$$

　このことから $I_2 = I_3$ となることがわかりました。次に②式と③式を⑤式に代入します。

$$10I_1 + 20I_2 = 10$$

　この式の I_1 に①式を代入します。

$$10(I_2 + I_3) + 20I_2 = 10$$

ここで $I_2 = I_3$ なので

$$10(I_2 + I_2) + 20I_2 = 10$$
$$40I_2 = 10$$
$$I_2 = 0.25\,\mathrm{A}$$

　また，$I_2 = I_3$ なので，$I_3 = 0.25\,\mathrm{A}$ です。そして，$I_1 = I_2 + I_3$ なので，$I_1 = 0.50\,\mathrm{A}$ となります。最後に②～④式に，それぞれ電流を代入すれば，電圧 V_1, V_2 を求めることができます。

$10\,\Omega$ の抵抗について　　　：$V_1 = 0.50 \times 10 = 5.0\,\mathrm{V}$

$20\,\Omega$ の上の抵抗について：$V_2 = 0.25 \times 20 = 5.0\,\mathrm{V}$

$20\,\Omega$ の下の抵抗について：$V_2 = 0.25 \times 20 = 5.0\,\mathrm{V}$

すべての電圧を求めることができました。

回路全体に流れる電流は $\mathbf{0.50\,A}$

$20\,\Omega$ の上の抵抗にかかる電圧は $\mathbf{5.0\,V}$

「めんどうな解き方だな」と感じませんでしたか？　そう思った人は勘がいいです。回路をもう一度見てみると，並列接続されている抵抗の抵抗値が同じなので，どちらも流れにくさは同じです。ということは，電流としてはどちらも同じ流れになるということで $I_2 = I_3$

として，初めから１つの文字で置くことも可能です。するともっと早く解くことができますね。

　また，合成抵抗の公式を使うと，全体に流れる電流を簡単に求めることができます。20 Ω の抵抗が２つ，並列につながれているので，並列の合成の公式より

$$\frac{1}{R}=\frac{1}{20}+\frac{1}{20}$$

計算すると $R=10\ \Omega$ となります。並列になっていた 20 Ω の２つの抵抗を１つにまとめてかき直したのが次の図です。

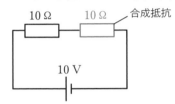

　10 Ω の抵抗が２つ直列に接続しているので，これを合成すると，$10+10=20$〔Ω〕になります。

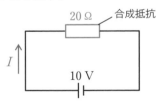

　ここで全体に流れる電流を I とおくと，オームの法則から

$$10=I\times 20$$
$$I=0.50\ \text{A}$$

　このように電気回路の問題はいろいろな解き方が可能です。ただし，計算の複雑さが異なるので，近道を考えながら解法を探るとよいでしょう。

　容器に水と電熱線を入れて，水の温度を上昇させる実験をした。ただし，容器と電熱線の温度上昇に使われる熱量，攪拌による熱の発生，導線の抵抗，および，外部への熱の放出は無視できるものとする。また，電熱線の抵抗値は温度によらず，水の量も変化しないものとする。

問1　図1のように，異なる2本の電熱線A，Bを直列に接続して，それぞれを同じ量で同じ温度の水の中に入れた。接続した電熱線の両端に電圧をかけて水をゆっくりと攪拌しながら，しばらくしてそれぞれの水の温度を測ったところ，電熱線Aを入れた水の温度の方が高かった。

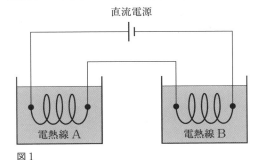

直流電源

電熱線A　　　　　　電熱線B

図1

　このとき，次のア〜ウの記述のうち正しいものをすべて選び出した組合せとして最も適当なものを，後の①〜⑧のうちから一つ選べ。

ア　電熱線Aを流れる電流が，電熱線Bを流れる電流より大きかった。

イ　電熱線Bの抵抗値が，電熱線Aの抵抗値より大きかった。

ウ　電熱線Aにかかる電圧が，電熱線Bにかかる電圧より大きかった。

① ア　　　　　② イ　　　　　　　③ ウ

④ アとイ　　　⑤ イとウ　　　　　⑥ アとウ

⑦ アとイとウ　　⑧ 正しいものはない

問2　図2のように，別の異なる2本の電熱線C，Dを並列に接続して，それぞれを同じ量で同じ温度の水の中に入れた。接続した電熱線の両端に電圧をかけて水をゆっくりと攪拌しながら，しばらくしてそれぞれの水の温度を測ったところ，電熱線Cを入れた水の温度の方が高かった。

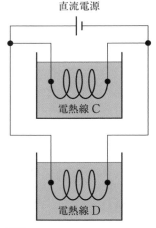

図2

　このとき，次のア〜ウの記述のうち正しいものをすべて選び出した組合せとして最も適当なものを，後の①〜⑧のうちから一つ選べ。

ア　電熱線Cを流れる電流が電熱線Dを流れる電流より大きかった。

イ　電熱線Dの抵抗値が電熱線Cの抵抗値より大きかった。

ウ　電熱線Cにかかる電圧が電熱線Dにかかる電圧より大きかった。

① ア　　　　　② イ　　　　　　　③ ウ

④ アとイ　　　⑤ イとウ　　　　　⑥ アとウ

（2022年　第2問　問1　問2）

問 1

アについて

電熱線 A と B は直列接続をしている，つまり水路が一本なので，流れる電流の量は同じです（$I_A = I_B$）。

ア　正しくない

イ・ウについて

電熱線 A の方が温度上昇が大きかったということは，A の方が電力が大きかったということを示しており，次のようになります。

$$P_A > P_B$$
$$I_A V_A > I_B V_B$$

　また，$I_A = I_B$ なので，$V_A > V_B$ となります（ウ　正しい）。オームの法則（$V = IR$）より，I が等しいとき，V と R は比例します。よって $R_A > R_B$ となります（イ　正しくない）。

答え　③

問 2

アについて

電熱線 C の方が温度上昇が高い，つまり電力が C の方が大きいということから，

$$P_C > P_D$$
$$I_C V_C > I_D V_D$$

並列接続なので，電熱線 C も D も同じ電圧がはたらきます（$V_C = V_D$）。このことから，

$$I_C > I_D$$

であるということがわかります。

アは正しい

イについて

I_C の方が大きな電流が流れているので，オームの法則 $V = IR$ より，それぞれの抵抗の電圧が等しいとき，電流と抵抗値は反比例の関係

にあります。よって $I_C > I_D$ なので，$R_C < R_D$ となります。

イは正しい

ウについて

並列接続のため，ウは正しくありません。

ウは正しくない

答え ▶④

過去問 にチャレンジ

　ドライヤーで消費される電力を考える。ドライヤーの内部には，図 3 のように，電熱線とモーターがあり，電熱線で加熱した空気をモーターについたファンで送り出している。ドライヤーの電熱線とモーターは，100 V の交流電源に並列に接続されている。ドライヤーを交流電源に接続してスイッチを入れると，ドライヤーからは温風が噴き出した。ただし，モーターと電熱線以外で消費される電力は無視できるものとする。

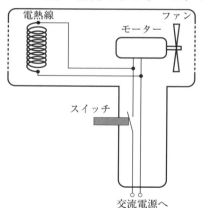

図3

問1　ドライヤー全体で消費されている電力 P，電熱線で消費されている電力 P_h，モーターで消費されている電力 P_m の関係を表す式として最も適当なものを，次の①〜④のうちから一つ選べ。

① $P = \dfrac{P_h + P_m}{2}$　　　② $P = P_h = P_m$

③ $\dfrac{1}{P} = \dfrac{1}{P_h} + \dfrac{1}{P_m}$　　　④ $P = P_h + P_m$

問2　電熱線の抵抗値が 10 Ω のドライヤーを 2 分間動かし続けるとき，電熱線で消費される電力量は何 J か。次の式中の空欄 $\boxed{1}$・$\boxed{2}$ に入れる数字として最も適当なものを，次の①〜⓪のうちから一つずつ選べ。ただし，同じものを繰り返し選んでもよい。また，ドライヤーの電熱線の抵抗値は，温度によらず一定であるとする。電力量は，交流電源の電圧を 100 V として直流の場合と同じように計算してよい。

$\boxed{1}$.$\boxed{2}$$\times 10^5$ J

① 1　　② 2　　③ 3　　④ 4　　⑤ 5
⑥ 6　　⑦ 7　　⑧ 8　　⑨ 9　　⓪ 0

(2022 年第 2 問　問 3　問 4)

問1

並列接続されているので，電熱線，モーター，それぞれを電源に別々に接続した場合と同じ電流が流れ，それぞれ電力を消費します。全体で消費される電力 (P)，電熱線で消費される電力 (P_h)，モーターで消費される電力 (P_m) の関係は，電気エネルギーと熱エネルギーも含めた，エネルギーの保存の法則から，次のようになります。

$P = P_h + P_m$

答え ▶ ④

問2

電熱線にはたらく電圧は 100 V，抵抗値が 10 Ω，使った時間は 2 分間（2×60＝120 秒）なので，このときの電力量を計算すると，

$$W = Pt = IVt = \dfrac{V^2}{R}\,t = \dfrac{100^2}{10} \times 120$$
$$= 120000 = 1.2 \times 10^5 \text{ J}$$

答え ▶ ①・②

ここで
きめる!

- 🖱 右ねじの法則（右手）と，フレミング左手の法則を使いこなせ。
- 🖱 「磁場を元の状態に戻すなら？」と考えて，誘導電流の向きを見極めよう。
- 🖱 交流電流の最大のメリットは変圧にあり。

1 電気と磁気

　磁石を砂に近づけると，S極やN極に砂鉄がビッシリとつきますね。この砂鉄がつく部分を**磁極**といいます。磁極にはN極とS極の2種類があり，同じ極どうしを近づけると反発しますが，異なる極どうしは引き合います。

　磁石のまわりに，砂鉄をふりかけると奇妙な模様ができます。磁石が置かれたことによって，砂鉄に影響を及ぼす場が作られたのです。このとき，「この場所には**磁場**（または**磁界**）がある」といいます。

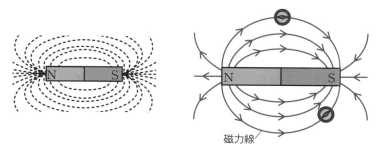

磁力線

　磁場には向きがあります。磁石のまわりに方位磁針を置くと，方

位磁針はある決まった方向をさします。方位磁針のN極がさす向き
を「磁場の向き」といいます。磁石のまわりには，N極から出てS
極に戻るような向きに磁場ができています。磁場の向きをつなぎ合
わせた線を**磁力線**といいます。磁力と静電気力は似た性質がありま
すが，おたがいに力を及ぼし合うことはありません。

2 電流と磁気の関係

　静電気力は磁力とは別の力だということを話したばかりなのです
が，実は電流は磁力と関係があります。電流を流した導線の近くに
方位磁針を置くと，北をさしていた方位磁針の針が動き，電流の向
きに対応してある方向をさし示します。

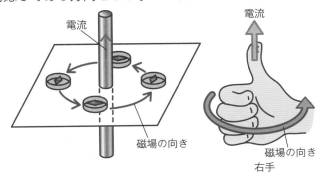

　電流のまわりには回転する磁場ができます。この電流が作るこの
磁場の回転方向は大切なので覚えておきましょう。右手を「Good!」
の形にして「親指」を電流の方向に向けたとき，磁場の向きは「人
差し指から小指まで」が回転する方向です。これを「右ねじの法則」
といいます。
　次に，この導線が作る磁場を集めて，強力な磁場を作ることを考
えてみましょう。導線の形をクルッと曲げて，円形にしてみます。
ここに電流を流すと，円の中心に強い磁場が生まれます。

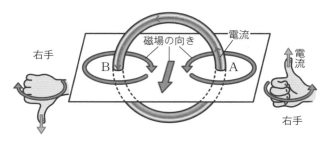

なぜ中心に強い磁場ができるのでしょうか。導線の A 地点の周辺にできる磁場の向きを，右手を使って考えると，図のようになり，コイルの中心では「奥から手前」に磁場が作られます。導線の B 点でも同様に考えると，コイルの中心では同じように「奥から手前」に磁場が作られます。他の場所でも同様に，中心に作られる磁場は「奥から手前」に向くことがわかります。よって，導線のあらゆる場所から発生した磁場が中心で集まっているので，強い磁場が作られるのですね。この円形を連ねれば，円の中心には，より強い磁場を作ることができそうです。それが図のコイル（ソレノイド）です。

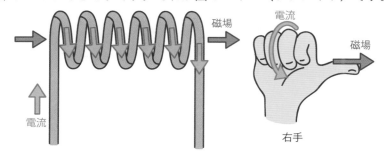

コイルに電流を流すと，円形がたくさんあるため，コイルの中心には強い磁場が発生します。このときのコイルの中心磁場の向きは，右手を使うと簡単にわかります。右ねじの法則と同じように，右手を「Good!」の形にして，右手の人差し指から小指をコイルに流れる電流の回転方向に合わせてにぎります。このとき親指の向いた方向が中心磁場の向きを示します。右ねじの法則とは少し異なる使い方なので，分けて覚えておきましょう。

小学校で教わった，電磁石を覚えていますか？ コイルの中心にクギなどの鉄心を入れて，コイルに電流を流すと，クギが磁石に変わり，クリップなどを引きつける現象でした。これは電流が流れるとコイルの中心に磁場が発生することを利用していたのですね。

3 フレミングの左手の法則

　図のように，あらかじめ導線の近くに磁石をおいて磁場を作っておいて，導線に電流を流すとどうでしょうか。「磁石によってはじめからそこにあった磁場」と「電流が作る磁場」との間で相互に作用しあい，結果として導線が手前に力を受けて動きます。電流の流れを逆向きにすると，導線は奥側に動きます。

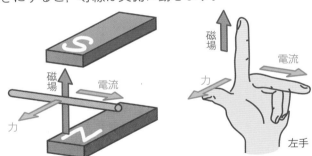

　この力は磁石の磁場の方向と，電流の方向が「直交するとき」に大きくなり，力の方向は「左手」を次の図のような形にしたときの，親指の向きになります。この関係をフレミングの左手の法則といいます。

　電流が磁場から受ける力の向きについては，中指・人差し指・親指の順番で，「電・磁・力」となります。この左手の使い方は必ず覚えておきましょう。

電気エネルギーを運動エネルギーに変える装置がモーターです。その仕組みについて見ていきましょう。図のように磁場の中にコイルを置きます。そして，A → B → C → D の方向に電流を流してみます。辺 AB に注目すると，フレミングの左手の法則より，右側に力を受けます。辺 DC も同じように考えると，フレミングの左手の法則より，左側に力を受けます。この結果，コイルは反時計回りに回転します。

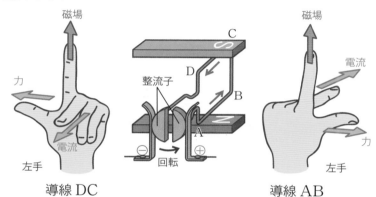

導線 DC　　　　　　　　　　　　導線 AB

モーターには整流子という装置がつけられています。コイルが回転すると，整流子が電極にくっついたり離れたりして，コイルに流れる電流の向きが変わるのです。次の図は，先ほどの図から 90° 反時計回りに回転したものです。下側の整流子が＋極にくっついた瞬間に，電流の向きが D → C → B → A に変わります。

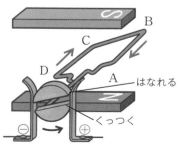

次の図はさらに 90°回転させたものです。辺 DC はフレミングの左手の法則により右向きの力を，辺 AB は左向きの力を受け，そのことによりさらに反時計回りにモーターは回転します。

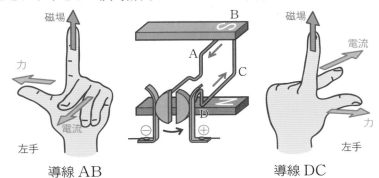

導線 AB

導線 DC

さらに 90°回転すると，整流子により電流の向きがまた A → B → C → D になります。さらに 90°回転すると，はじめの図の状態へと戻ります。このようなことが連続して起こって，モーターは回転するのです。なお，整流子がないと，電流の向きが変化しないため，モーターはブランコのように反時計回りと時計回りを半周ずつ繰り返すだけで回転しません。

5 　コイルと磁場の変化

導線に電流を流すと，そのまわりには磁場が発生します。つまり，電流は磁場を生み出します。

電流 　→ 　磁場を作る！

では逆に，「磁場が電流を生み出す」ことも予想されますよね。

磁場 　→ 　電流を作る？

コイルと磁石，そして検流計（電流が流れると針が動く装置）を用意します。そこでコイルの近くに磁石を置いてみても，電流は流れません。あれ？ 　予想ははずれたのでしょうか。しかし磁石を上下に**動かす**と，動かしているときだけ電流が流れて検流計の針が反応します。

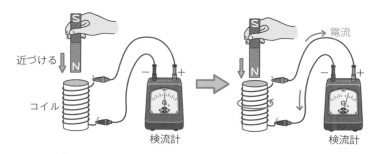

　コイルの中に磁場があるだけでは電流は流れませんが，その磁場が変化する，つまりコイルの中の磁力線の数が変化すると電流が流れます。この現象を**電磁誘導**といい，これが発電機のしくみです。電磁誘導はエネルギーで考えれば，磁石を動かす運動エネルギーが電気エネルギーになった，といえます。電磁誘導によって流れる電流を**誘導電流**といい，誘導電流が流れる方向にはある規則性があります。たとえば，上の図のようにN極を下にしてコイルに近づけると，コイルには図の向きに電流が流れます。逆に，N極を遠ざけると，電流は逆向きに流れます。

　私たちがすむ空間には**磁場を一定に保とうとする性質（磁力線の数を一定に保とうとする性質）があります**。そのためコイルの中の磁場が変化すると，元の状態に戻そうとして電流が流れます。

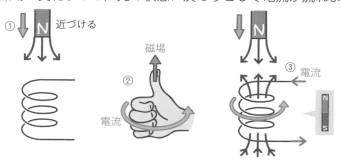

　図のように，N極をコイルに近づけると，コイルを貫く**下向きの磁場**が強くなります（①）。磁石が近づく前の状態では**コイルの中の磁場は0だった**ため，この状態に戻そうとして，**上向きの磁場**を作ろうとします。右手の親指を上に向けたときの他の指の回転方

向に電流を流せば，上向きの磁場を作ることができますね（②）。この向きに誘導電流が流れたというわけです（③）。

　N極を近づけた状態から，今度は遠ざけてみましょう。N極を遠ざけると，コイルの中を貫く下向きの磁場が減っていくことになります（①）。

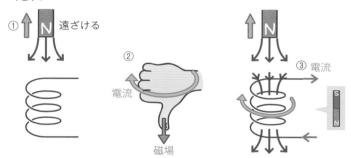

　コイルはもともとN極が近くにあったので**下向きの磁場**がありましたが，磁石が遠ざかることで下向きの磁力線が減ってしまいます。そのため減ってしまった下向きの磁場を自ら補おうとします。右手の親指を下に向けてください（②）。他の指の回転方向に誘導電流が流れます（③）。

　このように，誘導電流は外部からの磁場の変化を打ち消すような向きに流れるのです。これをレンツの法則といいます。

　誘導電流の向きについて，「恋心」にたとえて覚えてしまいましょう。図のように男の子（磁石）が，好きな女の子（コイル）を見つけました。男の子が近づいてきます。男の子が近づいてくると，女の子は「こっちに来ないで！」と押し返します。

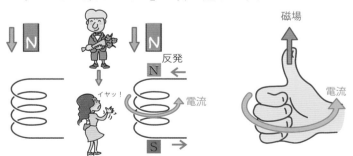

223

その方法は，コイルの上部を近づいてきた磁石と同じ磁極にする
ことです。N 極が近づいてきた場合は，コイルの上部を N 極にす
るので，右手を「Good!」の形にして親指を上に向ければ（N 極は
磁場が上向きに出るので），電流の流れる方向がそのほかの指の向き
からわかりますね。次に，あきらめた男の子が女の子から離れてい
きます。すると，女の子は「待って！」と男の子を引き留めようと
します。その方法は，コイルの上部を離れていく磁石と異なる磁極
にすることです。N 極が遠ざかる場合は，S 極がコイルの上部，N
極がコイルの下部になります。右手を「Good!」の形にして，親指
を下に向けてみましょう。コイルに流れる電流の方向がわかります。

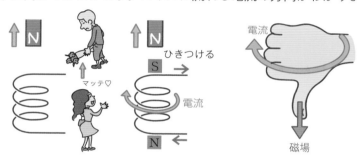

離れようとすると追いかけるなんて，
恋と磁石は複雑だなぁ。

6　発電と交流

　電流には直流と交流の 2 種類があります。**直流**とは，電池のよう
に＋極から－極に向かって，一方向に流れる電流のことです。それ
に対して**交流**は，電流の向きが時間とともに周期的に変化する電流
のことです。私たちの家庭で使用しているコンセントには，交流が
流れています。交流はモーターとそっくりの装置を使って発電され
ています。図のように磁石をおいて，磁場のある空間を用意します。
ここにコイルをおいて，外部から力を加えて，①→②→③とコイル

を回転させます。

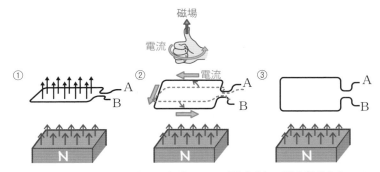

　するとコイルを貫く磁場が変化して，**磁力線の数が減少していきます**。図の①では，コイルを貫く磁力線の数は 10 本近くと多くあります。①・②・③とコイルを回転させると，③では磁力線は 0 本となります。この際にコイルは上向きの磁力線を自分で補おうします。右手を「Good!」の形にして，親指を上に向けて磁場を補ってください。「人差し指から小指」はどちらの方向に巻いていますか？反時計回りですね。この方向，つまり A から B へと誘導電流は流れます。さらに回して見ましょう。

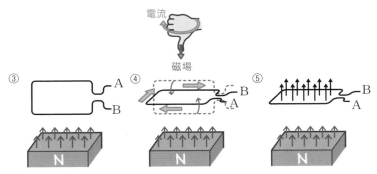

　③の状態でコイルを磁力線は貫いていません。0 本です。しかし回転させて④・⑤となると，上向きの磁力線の数が増えるので，減らす向きに誘導電流が流れます。流れる方向は A から B ですね。①と⑤を比べると，A と B が逆になっているのがわかります。そのため，このまま回していくと，同じことが起こり，今度は B からA へ電流が流れ始めます。

まとめると，コイルを回転させることで，図のように，コイルには時間とともに，電流の流れる向きが変わる交流電流が流れます。①～⑤は，図の①～⑤の状態に対応しています。

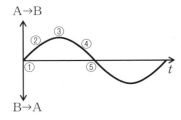

　火力・水力・原子力発電では，大きなコイルを磁場のある空間の中で回転させることによって，電流を作り出しています。

7 　変圧器

　次の図のように，巻数の異なる2つのコイルを丸い形の鉄芯に巻き付けます。コイル1に交流電源を，コイル2には豆電球をつけると，なんと豆電球が光り始めます。豆電球の回路は直接電源と接続されていないのに，なぜ光るのでしょうか。

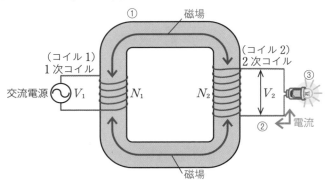

　コイル1に交流電流を流すと，コイル1は電磁石になり，鉄芯の中に上下に変化する磁場が生まれます（①）。この変化する磁場は，コイル2に伝わります。コイル2を貫く磁力線が変化するので，電磁誘導が起こり，コイル2に誘導電流が流れます（②）。よって，

豆電球は光るというわけです（③）。これは交流電流だからこそできることで，もしコイル1の電流が直流電流であれば，一方向で変化しないため，鉄芯の中に**変化する磁場**は生じません。そのため，コイル2に電磁誘導が継続して起こらないので，誘導電流が流れず，豆電球は光りません。

コイル1に加える電圧 V_1 と，コイル2で発生する電圧 V_2 は，2つのコイルの巻数（N_1，N_2）によって変えることができます。2つのコイルの巻き数と電圧の間には，次のような関係式が成り立つことがわかっています。

> **POINT** **変圧の公式**
> $$V_1 : V_2 = N_1 : N_2$$

つまり，電圧 V_1 の交流電源があるときに，2つのコイルの巻き数に差をつけることによって，出力させる電圧 V_2 を自由に操作することができるのです。これが変圧器のしくみで，交流を日常的に使う最も大きな利点は，電圧を簡単に上げたり，下げたりすることができることにあります。

最も身近な変圧器は，私たちの頭上，電柱の上にあります。家の近くの電柱にバケツのようなものが設置されていませんか？　この中に実は変圧器が入っているのです。

発電所から送られる電気は，電線から発生するジュール熱を少なくするために，高電圧で送電線を使って送られ，都市部に近づくにつれて電圧を少しずつ下げていきます。そして家庭に届く際の電圧

は，電柱の変圧器で安全に使える 100 V に調整されます。

　なお直流電流で作動する電気機器も多くあります。家庭に届く電流は交流ですから，直流に直さなければいけません。そこで，電気機器の内部に組み込まれているのが，電流を一定の向きにしか流すことができないダイオードとよばれる素子です。ダイオードを組み合わせることによって，交流電流を直流電流に直すことができます。これを**整流**といいます。

8 電磁波

　電荷を振動させると，電気と磁気の波が発生し，空間を伝わっていきます。この波を電磁波といいます。電磁波は携帯電話やテレビ，ラジオなどの音声や映像を伝えるために利用されています。

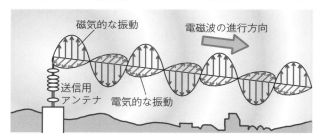

　電磁波はその波長ごとでよばれる名前が違います。私たちが認識することができる光（可視光線）や，目に見えない赤外線，紫外線も電磁波の一種です。

電磁波とその波長

波長 （単位：m）	名前	備考
10^{-9} 以下	X 線，γ 線	X 線はレントゲンに利用される 生物にとても有害
$10^{-9} \sim 3.8 \times 10^{-7}$	紫外線	生物に有害
$3.8 \times 10^{-7} \sim 7.7 \times 10^{-7}$	可視光線	目が感じ取ることができる
$7.7 \times 10^{-7} \sim 10^{-4}$	赤外線	テレビのリモコンなどに利用
10^{-3} 以上	電波	通信や放送に利用

　電磁波の速さは，どの種類の電磁波も 3.0×10^8 m/s（これは光

の速さです）であるため，「波の公式 $v=f\lambda$」より周波数 f（振動数）が大きいほど，波長 λ は短くなります。また，周波数が大きいほど，電磁波の持つエネルギーは大きくなり，生物にとって有害です。

過去問 にチャレンジ

　図1は変圧器の模式図である。一次コイルを家庭用コンセントにつなぎ，交流電圧計で調べたところ，一次コイル側の電圧は 100 V，二次コイル側の電圧は 8.0 V だった。

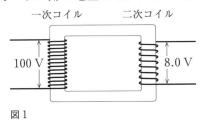

一次コイル　　　　二次コイル

100 V　　　　　8.0 V

図1

問1　この変圧器の一次コイルと二次コイルの巻き数を比較すると，二次コイルの巻き数は一次コイルの □1□ 倍になる。
　① 0.08　　② 0.8　　③ 8　　④ 12.5　　⑤ 100

問2　この変圧器の二次コイルの端子間に抵抗を接続し，一次コイルと二次コイルに流れる電流の大きさを交流電流計で比較する。変圧器内部で電力の損失がなく，一次コイル側と二次コイル側の電力が等しく保たれるものとすると，二次コイル側の電流は一次コイル側の □2□ 倍になる。
　① 0.08　　② 0.8　　③ 8　　④ 12.5　　⑤ 100

問3　この変圧器をコンセントにつなぎ，発生するジュール熱でペットボトルを切断するカッターを作る。図2のように，絶縁体の枠にニクロム線を取り付けて，カッターの切断部とした。その長さは 16 cm であった。図3は使用したニクロム線の商品ラベルである。交流の電圧計や電流計が表示する値を使うと，交流でも直流と同様に消費電力が計算できる。それによれば，このカッターの消費電力は

$\boxed{3}$ W である。ただし，ニクロム線の電気抵抗は，温度によらず一定とする。

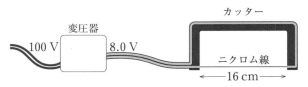

図 2

品　名　ニクロム線（ニッケルクロム）
直　径　0.4 mm　全体の長さ　1 m
最高使用温度　1100℃
長さ 1 m あたりの抵抗値　8.0 Ω

図 3
※実際の商品ラベルをもとに作成。数値を一部変更した。

① 　0.5　　　② 　1.3　　　③ 　8
④ 　50　　　⑤ 　82　　　⑥ 　800

（2021 年　第 2 問　問 3　問 4　問 5）

問 1

変圧の公式に当てはめてみましょう。$V_1 : V_2 = N_1 : N_2$ より，

$$100 : 8.0 = N_1 : N_2$$
$$8N_1 = 100N_2$$
$$\frac{N_2}{N_1} = \frac{8}{100}$$

よって，0.08 倍となります。

答え　①

問 2

電力の損失がないということから，$P_1 = P_2$ なので，$I_1 V_1 = I_2 V_2$ となる。電圧をそれぞれ代入すると，

$$I_1 \times 100 = I_2 \times 8.0$$
$$\frac{I_2}{I_1} = \frac{100}{8} = 12.5$$

となります。

答え ▶ ④

問3

ニクロム線の抵抗値を計算すると，抵抗値は長さに比例するので，

$$8.0 \times \frac{16 \text{ cm}}{100 \text{ cm}} = 1.28 \text{ 〔Ω〕}$$

となります。電圧は 8 V なので消費電力を計算すると，

$$P = IV = \frac{V^2}{R}$$
$$= \frac{8^2}{1.28} = 50 \text{ 〔W〕}$$

答え ▶ ④

SECTION

エネルギーと原子

5

THEME

1　エネルギーの利用

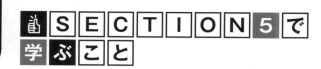

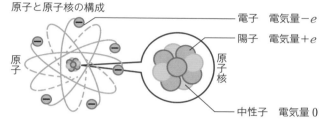

ここが
問われる
！

原子の構造を覚えられているか？

原子の構造に関わる粒子と，その電気的な性質をおさえよう。

原子と原子核の構成

電子　電気量 $-e$

陽子　電気量 $+e$

原子

原子核

中性子　電気量 0

ここが
問われる
！

放射線の種類と性質をおさえているか？

　3つの放射線と，その実体や性質を覚えておこう。電磁気的な性質から，放射線を分離することができるよ。

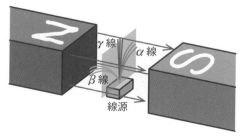

γ 線

α 線

β 線

線源

	電気	実体	電離作用	透過力
α 線	＋	ヘリウム原子核	大	小
β 線	－	電子	中	中
γ 線	なし	電磁波	小	大

原子分野の割合は少ないけど，穴がないように勉強を進めることが大事だね。

1 エネルギーの利用

ここで
きめる！

🔖 放射線は3つの種類がある（α・β・γ）。それぞれの実体と性質をおさえよう。

1 原子の構造とその表しかた

　今まで様々なエネルギーを学習してきました。力学分野では力学的エネルギー（運動エネルギー，位置エネルギー，弾性エネルギー），熱力学分野では熱エネルギー，電磁気学分野では電気エネルギーが登場しました。そのほかにも化学エネルギーや，光エネルギーなどのエネルギーがあります。

　エネルギー変換を行っている代表的な施設が，発電所です。発電所では自然界の様々なエネルギーを電気エネルギーに変換しています。火力発電で使われる石油，天然ガスなどの化石燃料，また原子力発電で使われるウランやプルトニウムなどのように，数百年以内になくなってしまう可能性のある原料によるエネルギーを枯渇性エネルギーといいます。

　また，太陽光発電の太陽光のように，今後なくなってしまう心配のないものを再生可能エネルギーといいます。再生可能エネルギーを利用した発電方法としては，水力発電，風力発電，太陽光発電，地熱発電などがあります。

　この SECTION では，原子力発電所などで使われるエネルギーである，原子の持つエネルギーについて説明します。原子は，プラスの電気を持った**陽子**と電気を持っていない**中性子**が集まってできた**原子核**が中心にあり，その周囲をマイナスの電気を持った**電子**が回っています。原子核を構成する陽子と中性子を**核子**といいます。

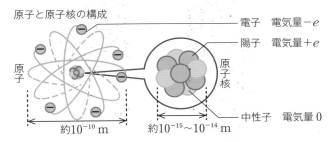

原子と原子核の構成

電子　電気量$-e$

陽子　電気量$+e$

原子

原子核

中性子　電気量 0

約10^{-10} m　　約$10^{-15}\sim10^{-14}$ m

原子核の中にまとまっている陽子どうしは，プラスの電気を持つため，静電気力がはたらき反発し合っています。それでも原子核が形成される理由は，核子どうしが，**核力**という静電気力よりも強い力で結びついているためです。

原子の種類は，原子核に含まれる陽子の数できまっており，この数のことを**原子番号**といいます。例えば水素原子は陽子の数が1つです。ヘリウムなら陽子の数は2つです。

陽子の数が1つ違うだけで原子の種類が変わるんですか！　不思議ですね。

また，陽子の数と中性子の数を合わせたものを**質量数**といいます。たとえば，ヘリウム原子（陽子を2個，中性子を2個持つ）の原子番号や質量数を表すとき，ヘリウム原子を示す「He」をまず書きます。そして原子番号「2」は He の左下，質量数「4」は左上に書きます。

$$_{2}^{4}\mathrm{He}$$

なお電子は陽子や中性子に比べて非常に軽いため，質量数には影響しません。原子番号は化学的な性質，質量数は物理的な性質と関係があります。

2　放射線の発生

原子番号が 92 番のウラン 238 という原子は，原子核の中に陽子

をなんと92個も持っています！　さらに中性子は146個も持って
いて，陽子と中性子を足し合わせた質量数は238（＝92＋146）で
す。このウラン238のように，質量数が大きな原子核は，原子核で
の陽子どうしの静電気力が強くなり反発し合うため，非常に不安定
な核を形成しています。

　このような物質は，長い時間をかけて**放射線**を出しながら，少し
ずつ原子核が崩壊して，別の原子に変わっていきます。この現象を
放射性崩壊といい，自然に放射線を出す性質を**放射能**といいます。
また放射性崩壊を起こす原子を**放射性原子**といいます。

　放射線は物質を通過して，物質中の電子をはじき飛ばす作用を持っ
ています。これを**電離作用**といいます。原子核が崩壊するときに放
出される放射線は，磁場に通したときの曲がり方の違いから，α 線，
β 線，γ 線の3つに分類することができます。

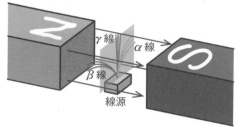

　α 線の正体は，$^{4}_{2}\mathrm{He}$ のヘリウムの原子核です。ヘリウムの原子核
は安定していて，$^{4}_{2}\mathrm{He}$ のセットで原子核から飛び出します。ただ
し，通常のヘリウムとは異なり，高速で電子を持っていないためプ
ラスの電気を帯びています。そのため，図で奥の方に曲がります。
左手を使って確認してみてください。β 線は高速の電子です。原子
核にある中性子は陽子に変化することがあり，その際に中性子から
電子が飛び出します。電子はマイナスの電気を持っているため，図
で手前に曲がります。γ 線の正体は光と同じ電磁波で，電気は帯び
ていません。α 線や β 線などを放出した際には，余分なエネルギー
として γ 線が放出されます。電気は持っていません。

　3つの放射線は，どれも高いエネルギーを持っているため，人体

には危険です。放射線は他の物質にあたると，物質を構成している原子が持つ電子をはじき出して，その原子が正の電気を帯びてしまうことがあります。これが電離作用です。また，どの放射線も物質を通り抜けることができる性質があります。これを**透過力**といいます。電離作用は大きさの大きな α 線が最も大きく，一方で γ 線は透過力が最も大きい性質があります。

	電気	実体	電離作用	透過力
α 線	＋	ヘリウム原子核	大	小
β 線	－	電子	中	中
γ 線	なし	電磁波	小	大

3 放射線に使われる単位

　生物が放射線を多量にあびることを**被曝**といいます。被曝すると遺伝子などが大きく損傷し，放射線障害が発生することがあります。放射能の強さを示す単位にベクレル（Bq）があります。また，放射線が物質に与えるエネルギーの量を**吸収線量**といい，単位にグレイ（Gy）を使います。

　吸収線量が同じでも，人体への影響は放射線の種類や臓器によって異なるため，さまざまな臓器ごとに決めた係数を考慮して，吸収線量に補正を加えた単位がシーベルト（Sv）です。人が 1 年間に自然界から浴びる放射線の量は，だいたい 2.4 mSv といわれます。放射線はさまざまな医療分野で利用されており，X 線による胃や胸の診断には 0.05 ～ 0.6 mSv の放射線を使っています。

4 原子力の利用

　多くのウランの質量数は 238 です（これをウラン 238 とよびます）。しかし，自然界には，質量数が 235 であるウランも存在します（これをウラン 235 とよびます）。ウラン 235 は，ウラン 238 と

比べて特に不安定で，放射性崩壊をしやすい元素です。このような性質を持つウラン235を，ウランの**放射性同位体**といいます。

　ウラン235は，その放射性崩壊のしやすさから，原子力発電に利用されます。ウラン235の原子核に中性子をあてると，ウランの原子核はパカっと割れて，2つの原子核に分裂します。これを**核分裂**といいます。核分裂では，核どうしをつなぎとめていた核エネルギーが解放されて，多くの熱エネルギーが放出されます。

　また，ウランの核分裂ではその際に2〜3個の中性子が高速で飛び出します。この中性子が近くのウランにぶつかると，その刺激から，別の原子核が核分裂します。このように，連続して核分裂が起こる現象を**連鎖反応**といいます。

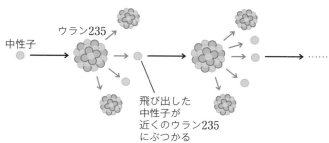

　つねに一定の割合で連鎖反応が続いている状態を**臨界**といいます。原子力発電では，連鎖反応をコントロールしてつねに臨界状態を保つことにより，核エネルギーを熱エネルギーに変換して，発電をしています。原子力発電には放射性廃棄物の問題や，事故が起こった場合に迅大な影響を与えるなど，課題も多くあります。

過去問にチャレンジ

次の文章中の空欄 **ア** ～ **ウ** に入れる語句の組合せとして最も適当なものを，下の①～⑥のうちから一つ選べ。

電磁波は電気的・磁気的な振動が波となって空間を伝わる。周波数（振動数）が小さいほうから順に，電波，赤外線，可視光線，紫外線，X線，γ線のように大まかに分類される。これらは，私たちの生活の中でそれぞれの特徴を活かして利用されている。**ア** は日焼けの原因であり，また殺菌作用があるため殺菌灯に使われている。携帯電話，全地球測位システム（GPS），ラジオは **イ** を利用して情報を伝えている。X線はレントゲン写真に使われている。**ウ** はがん細胞に照射する放射線治療に使われている。

	ア	イ	ウ
①	可視光線	γ線	電波
②	可視光線	電波	γ線
③	赤外線	γ線	電波
④	赤外線	電波	γ線
⑤	紫外線	γ線	電波
⑥	紫外線	電波	γ線

（2021年　第1問　問3）

アは紫外線，イは電波です。ウは放射線の中のγ線です。紫外線もγ線も有害なことに変わりはありませんが，放射線であるγ線の方がはるかにエネルギーが大きく，生物にとっては危険です。

答え ⑥

過去問 にチャレンジ

授業で再生可能エネルギーについて学んだ。家の近くに風力発電所（図1）があるので見学に行き，風力発電について探究活動を行った。

図1

次の文章中の空欄 **1** ・ **2** に入れる語として最も適当なものを，後の①〜⑥のうちから一つずつ選べ。ただし，同じものを繰り返し選んでもよい。

風力発電は，空気の **1** エネルギーを利用して風車を回し，それに接続された発電機で電気エネルギーを得る発電である。再生可能エネルギーによる発電には，風力発電以外に，水力発電や太陽光発電などもある。太陽光発電は，太陽電池を用いて **2** エネルギーを直接，電気エネルギーに変換する発電である。

① 力学的　　② 熱　　③ 電　気
④ 光　　　　⑤ 化　学　⑥ 核（原子力）

（2023年第3問　問1）

$\boxed{1}$

　風力発電は，風の力を使って風車を回していますが，これはそもそも何エネルギーなのでしょうか。少し迷うかもしれませんが，空気の粒子が羽に衝突して，羽を回しています。つまりこれは力学的エネルギーですね。消去法でも選べますね。

答え ▶ ①

$\boxed{2}$

　太陽光発電ではタービンを回しているわけではなく，太陽光からの光エネルギーを電気エネルギーに直接変換しています。

答え ▶ ④

[著者]

桑子 研　Ken Kuwako

理科教師として勤めるかたわら，サイエンストレーナーとして実験教室，テレビ番組の科学監修などを行っている。
主な著書に『高校やさしくわかりやすい物理基礎』（文英堂），『ぶつりの1・2・3』（SBクリエイティブ）など。その他，参考書・科学啓蒙書・科学の絵本など10数冊を執筆。東京書籍の教科書編集委員も務めている。
著者公式サイト「科学のネタ帳」では，物理の動画授業や勉強法なども公開中。

科学のネタ帳　https://phys-edu.net/

きめる！　共通テスト物理基礎　改訂版

著　　　　者	桑子研
編 集 協 力	能塚泰秋，江川信恵，佐藤玲子，竹本和生，花園安紀，林千珠子，山崎瑠香，（株）U-Tee
カバーデザイン	野条友史（buku）
カバーイラスト	HOHOEMI
本文デザイン	宮嶋章文
図 版 作 成	有限会社 熊アート
本文イラスト	いとうみつる，ハザマチヒロ
デ ー タ 制 作	株式会社 四国写研
印 刷 所	株式会社 リーブルテック
編 集 担 当	樋口亨

読者アンケートご協力のお願い
※アンケートは予告なく終了する場合がございます。

この度は弊社商品をお買い上げいただき，誠にありがとうございます。本書に関するアンケートにご協力ください。右のQRコードから，アンケートフォームにアクセスすることができます。ご協力いただいた方のなかから抽選でギフト券（500円分）をプレゼントさせていただきます。

アンケート番号：　　305813